科技资源整合与产学研合作问题研究

赵 强 孙 莹 尹永强 著

东 北 大 学 出 版 社
· 沈 阳 ·

图书在版编目（CIP）数据

科技资源整合与产学研合作问题研究 / 赵强，孙莹，尹永强著. —沈阳：东北大学出版社，2014（2025.7重印）
ISBN 978-7-5517-0657-5

Ⅰ. ①科… Ⅱ. ①赵…②孙…③尹… Ⅲ. ① 科学技术—资源管理—研究 ②产学研一体化—研究 Ⅳ. ① G311 ②G640

中国版本图书馆 CIP 数据核字（2014）第 143385 号

出 版 者：东北大学出版社
地址：沈阳市和平区文化路 3 号巷 11 号
邮编：110004
电话：024－83687331（市场部） 83680267（社务室）
传真：024－83680180（市场部） 83680265（社务室）
E-mail：neuph@ neupress. com
http：//www. neupress. com
印 刷 者：三河市天润建兴印务有限公司
发 行 者：东北大学出版社
幅面尺寸：160mm×230mm
印 张：13. 5
字 数：207 千字
出版时间：2014 年 8 月第 1 版
印刷时间：2025 年 7 月第 3 次印刷
责任编辑：刘振军 李 鸥 责任校对：子 衿
封面设计：刘江旸 责任出版：唐敏志

ISBN 978-7-5517-0657-5 定 价：42. 00 元

引 言

我国的高新技术产业有三条发展路径。第一条路径是由政府投入，大量买进技术，尤其是一些特别高新的技术，甚至涉及国防安全的技术；第二条路径是外资与合资企业的技术引进；第三条是通过产学研合作自主创新。产学研合作是指企业、大学、研究院所三方（或两方）的联合，其合作的使命是完成科学创新、技术创新，并使取得的科技成果由知识形态向现实的生产力转化，实现科技资源、经济资源、生产力要素的重组与优化配置，开通科技成果转化的通道，成为研究者、生产者、经营者、调控者的实施运行枢纽。促进产学研合作，加快成果产业化，用高新技术改造传统的产业，促进高新技术产业发展，已经成为各个国家科技进步和经济发展的重要途径。特别是2008年全球金融危机以来，美国等很多国家通过促进产学研合作，提升产业科技含量，促进产业转型，占领科技制高点，以此作为化解危机的突破口。中国更是积极应对危机，出台十大产业振兴规划，而这十大产业规划，都需要通过积极开展产学研合作，来提升这些产业的核心竞争力，这对产学研合作赋予了更高的使命。

科技资源是科技活动的物质基础，是创造科技成果，推动经济、社会发展的基本要素。科技资源是城市自主创新的基础，整合区域内的科技资源客观上能够提高整个区域的科技创新能力，能够逐步改变区域经济增长方式，既提高整个区域科技资源的配置效率，防止科技资源的闲置和浪费，又提高了企业的创新水平，从而促进区域经济又好又快地发展。“十二五”期间，沈阳市提出建设国家中心城市、先进装备制造业基地和生态宜居之都的奋斗目标，制定了建设创新型城市的发展战略，支持企业自主创新能力的提高，促进科技资源整合，对落实中央精神、建设创新型社会具有重大意义。

高新技术产业是沈阳加快全面振兴的重要引擎和增强核心竞争力的重要途径。可以说加速沈阳高新技术产业的发展离不开产学研合作。沈阳发展高新技术产业要结合建设国家创新型城市，紧密围绕打造世界级先进装备制造业基地，在坚持用高新技术改造传统产业的同时，充分发挥存量优势，大力发展现代建筑、生物技术、航空等新兴产业，加快构筑新型产业体系，积极抢占发展新高地，努力赢得竞争主动权。大力加强与大专院校、科研院所对接，着力构建以企业为主体、以市场为导向、产学研相结合的科技创新体系，不断提高科研成果的产业化水平。沈阳市在产学研合作领域进行不断的探索和尝试。20 世纪 80 年代以来，沈阳市出台了一系列促进产学研结合的政策法规。1986 年，市政府提出“充分发挥我市大专院校和科研机构较多的优势，大力发展科研与生产的联合，建立科研生产联合体”；1995 年，发布《市政府关于依靠科学技术振兴沈阳的若干规定》；1997 年，出台《市委、市政府关于加快高新技术产业发展的决定》；2006 年，《市委、市政府关于提高自主创新能力，建设国家创新型城市的决定》明确规定，支持企业与高校、科研院所共建企业技术中心、工程技术研究中心和重点实验室或股份制科技企业，引导驻沈高校和科研院所面向市场确定研究课题，积极向沈阳市企业转化应用性科技成果。同时，科技资源开始向支持产学研结合的方向不断倾斜。2010 年沈阳产学研合作加速高新技术产业发展成果显著。IC 装备、高档数控机床、R0110 合成气燃气轮机等重大科技专项进展顺利。在新能源、新材料等新兴产业领域，支持了一批关键技术的研发项目，加快新兴产业发展壮大。积极推进泗水科技城、于洪国际特种机床装备城等产业基地建设。辉山农业科技园区、沈阳集成电路装备产业化基地荣获国家级科技园区、产业基地称号。全市高新技术产品增加值占规模以上工业增加值的比重达到42.9%，同比提高1.2个百分点，占地区生产总值的比重达到20.1%，同比提高0.8个百分点，为推动全市经济发展方式转变和经济结构调整作出了贡献。

即将到来的“十二五”，是沈阳实现全面振兴的关键时期。沈阳要以科学发展为主题，以加快转变发展方式为主线，以新型工业化综合配套改革为动力，深入推进“五大任务”，继续保持又好又快发展的良好态势。所有这些，都更加需要科技创新去引领，需要加速高新技术产业的发展来实现。所以在沈的高校、科研单位应当坚持以助推沈阳加快全面振兴为己任，紧密围绕改造提升传统产业、培育战略性新兴产业、加快企业技术和产品升级，在积极推进科技与经济相互融合、建立产学研紧密衔接的创新体系上取得新的进展，促进科研成果尽快转化为现实生产力，真正使科技创新源泉充分涌流，成为沈阳加快全面振兴最鲜明的特征、最持久的动力。

由于时间和水平有限，书中难免有疏漏和不足之处，恳请读者不吝赐教。

赵强　孙莹　尹永强

2014年6月

目　录

第一章　科技资源整合与产学研合作的相关理论

第一节　科技资源概述

一、科技资源的概念

科技资源（Science Technology Resource）概念的界定基础是“资源”，科技资源既有一般资源的通义，又有自身的特殊意义。

资源，一般是指自然界和人类社会中人类生存、发展的资财。资源是人类社会赖以生存和发展的基础。资源有狭义、广义之分。狭义的资源指的是自然资源，包括水、土地、矿产、动物、植物等，这是传统意义上的概念。联合国经济合作组织对资源的定义是：“所谓资源，特别是自然资源，指在一定时期、地点条件下能够产生经济价值，提高人类当前和将来的……自然因素和条件。”随着人类社会实践和认识的进步，资源的概念突破了传统意义上的界定，即形成广义上的资源，它包括自然资源、社会资源和科技资源，是有形资源和无形资源的总汇。

科技资源是科技活动的物质基础，它创造了科技成果，是推动整个经济和社会发展的要素的集合。广义的科技资源是指能够直接或间接地推动科技进步，从而促进经济发展的一切资源，包括一般意义的劳动，专门从事科学研究的人员、资金，科学技术存量、信息等，可分为科技人力资源、科技财力资源、科技物力资源、科技信息资源、科技制度资源和科技组织资源等几个方面，是各要素及其相互联系、相互作用而构成的系统。狭义的科技资源则限定在科技人力资源和科技财力资源上。

科技人力资源指从事科技活动的全部人员，它包括直接从事科技活动的人员和为科技活动提供直接服务的人员。科技财力资源指科技活动经费，其主要来源有政府拨款、单位自筹资金、银行贷款和各种捐赠资金等。科技物力资源指直接用于科技活动的各种仪器设备和基础设施。科技信息资源指各种科技文献、科技期刊、专利、光盘数据库、档案和资料等。科技制度资源指由科技法规、政策与规章等构成科技活动规范的体系。科技组织资源指政府科研机构、企业研究机构、高等院校及研究机构、非营利研究机构、私营研究机构、科技中介机构的总和。这几方面的资源是在任何科技活动中都必不可少的最基本的要素，其质量和数量将决定一个国家或地区的科技发展水平，同时也影响经济社会的发展。

本书以广义的科技资源为基础，具体研究能够促进生产力发展，与经济增长紧密相关，且能够为全社会所共享的那部分科技资源。出于数据收集和是否具备共享条件两方面的考虑，本书所统计的科技资源包括高等院校、科研院所、各事业单位及中介机构所拥有的科技资源，即公共科技资源，不包含企业科技资源。

二、科技资源的分类及其特点

科技资源按照不同的分类标准，有不同的形式。按照资源的地域来划分，可分为国际资源、国内资源；按照资源服务的科技活动内容来划分，可分为研究与发展（Research and Development，R&D）资源、科技成果转化和应用资源、科技服务资源；按照资源的形态来划分，可分为有形资源与无形资源。有形资源主要指科研经费、科研人员、实验材料和仪器设备等。无形资源是指科研人员的教育水平、价值观、心理与行为、思想品德和思想意识等。

科技资源作为科学研究与技术创新不可缺少的条件，其属性是在一定社会经济环境条件下形成的，综观科技资源本身，它有多种特点，但其主要特点可以概括为以下五个方面。

（1）分布的差异性。

分布的差异性可分为科技资源空间和时间分布的差异性。其中，科技资源空间分布的差异性主要表现为区域科技资源分布的差异性。任何国家或地区的科技活动都是在一定的区域内实现的，不同的区域环境将塑造出性质各异、层次不同、各具特色的区域经济发展模式和科技发展政策，从而导致区域科技资源分布的差异性。这种区域科技资源分布的差异性正是区域间科技资源流动的重要原因之一。例如，我国东、中、西部区域科技资源分布的差异性导致我国区域科技政策是区域协调发展政策的重要组成部分。科技资源时间分布的差异性主要表现为区域科技资源时间分布的非均衡性。科技资源在形成过程中的数量、质量、存在状态、利用的经济效益都随时间发生变化而表现出非均衡性。而且科学研究和技术创新具有较强的不确定性，人类历史演进过程中存在着科学革命、技术革命和产业革命，从而导致一个国家或一个地区科技资源的规模、结构和效能存在“革命性”变迁，表现出非均衡性。

（2）系统的协同性。

科技资源与自然资源、其他社会经济资源在一定的时空条件下相互作用，形成了独特的相互联系、相互耦合的自然生态系统和社会经济系统，系统中的每一类资源都是这个大系统中的一个环节，每一个环节的缺损或破坏，都有可能导致整个大系统平衡的扰动甚至崩溃。在“科学技术是第一生产力”和“科技资源是第一资源”的当代社会，科技资源与自然资源、其他社会经济资源的协同性尤为突出。科技资源只有与自然资源、其他社会经济资源在自然生态系统和社会经济系统组成的大系统中有效协同，充分体现科技资源的系统协同性，才能正确地发挥其产出效能。另外，科技资源内部的各项资源只有在科技资源配置系统中有效协同，才能充分发挥各自的产出效能。

（3）运动的规律性。

科技资源遵循一定的规律，处于不断运动之中，参与经济、社会、生态复合大系统的变化。例如，科技人力资源增值运动中遵循人力资本投资规律，科技人力资源系统中科学共同体和技术共同体的运动规律；科技财力资源运动中遵循公共投资社会效益最大化和私人投资利润最大化规律；科技物力资源运动中遵循资产折旧规律；科技知识、信息资源运动中遵循规模报酬递增规律、网络信息系统规律，等等。另外，科技资源也存在自身的变化循环规律。

（4）运营的高增值性。

科技资源与其他形式的资源相比，具有较强的社会性，其产品往往更多地融入了人类的智力因素。因而，其使用价值与其他资源不同，科技资源的投入往往能够产生大大超过其自身价值的经济效果，因此，具有一定的高增值性，这种高增值性往往是伴随着其价值流动而产生的。以科技信息资源为例，科技信息资源价值的流动过程，也是一个社会科技资源在其流动过程中获得自然配置和共享的过程。科技信息资源传递的过程实质上是价值的流动过程，正是基于科技信息资源的传递和伴随于其中的价值流动，社会科技水平、创新能力和经济的快速发展才有保障和动力。也就是说，如果科技信息资源没有价值，那么也就没有资源流动的动力，没有利用的可能。科技信息资源建设与利用中的价值流动过程主要包括生产过程、加工分析过程、存储维护过程和共享过程，通过科技信息资源的共享平台，让更多的用户(包括一部分资源的生产者、资源使用者和传递者)能够更有效地利用科技信息资源，这几个过程也是科技信息资源的价值产生和增值的过程，即科技信息资源生产出来以后，其价值也随之产生，之后随着科技信息资源的价值在社会各个部门之间的流动，将会为社会发展、科技创新能力的提高提供动力。

（5）使用和影响的长效性。

科技资源是科技活动的主要条件，是科学研究和技术创新的生产要素集合。由于科学技术的继承性与积累性，无论是知识形态还是物质形态的科技成果，必然成为科技资源不可或缺的组成部分。所以，知识形态的科技资源尤其具有长效性，主要表现在三个方面：第一，不像其他资源的使用是一次性的，科技资源可以反复长期使用，并且由于其社会性的特点，科技资源不存在枯竭的问题，在某种意义上可以说是“取之不尽的”；第二，由于科学研究和技术创新遵循自身的规律，常常需要一个催生、演化的过程，而且从科技到生产，再到最终取得经济效益和社会效益，需要一个相对较长的过程，因此表现为长效性；第三，科技资源投入-产出的作用具有长效性，如一些科研成果（特别是基础研究）对人类的影响深远而持久。

第二节　整合的含义

整合就是使不同的事物与物质相互渗透、交互，从而实现资源共享和协同工作，其精髓在于将零散的要素组合在一起，并最终形成有价值、有效率的一个整体。不管是普遍意义上好的还是坏的事物都有其存在的价值，而整合的作用就是把它们的价值有机地结合在一起，使本来无意义的事物变得有意义，让这些单一看来无意义或意义不大的事物获得超值的效果。

第三节　科技资源的配置与整合

一、科技资源管理

科技资源管理是使科技活动能够顺利进行的统筹、协调、调整等活动的总称。各要素间具有一定的内在结构，由科技资源各要素按照一定的方式配置并相互作用、相互影响而形成具有一定的功能与效用的体系就是科技资源的结构。

科技活动即科学技术活动，包括所有与科学技术领域，即自然科学、工程和技术、医学、农业科学、社会科学及人文科学中科技知识的产生、发展、传播和应用密切相关的系统的活动。科技活动可以分为研究与发展活动、科技成果转化和应用、科技服务三种类型。科技活动的执行者、执行机构、科技经费是科技活动的核心内容。

二、科技资源配置

资源配置是指经济系统中各种有限资源（包括人、财、物等）分配于各个方面，并可通过系统目标的实现程度检验配置效率。科技资源配置是指科技资源在全部科技活动中的不同活动主体、学科领域、时空的分配与组合，是科技资源包括科技人才、科技活动资金、科学研究实验（试验）装备、科技信息汇集于科技活动单位（高等学校、研究院所、企业、科技服务机构），联合发挥有机的、系统的作用。一般认为，科技资源配置是在三个层次上展开的，基础层次是微观层次，还包括中观层次和宏观层次。

微观层次上的科技资源配置是指具体的某一科技创新主体如何在其内部匹配（组合）各种科技资源，以便高效率地产出科技成果，是一种较低层次上的科技资源配置。其目标是提高科技创新主体的产出水平，以科技创新主体的个体运作为其主要特征，完成科技资源的具体使用和组合，并通过对科技资源的使用获得相应的创新成果的产出。

科技资源配置的中观层次是指部门层次和地区层次上的科技资源配置。这一层次在较大范围内发挥着对科技资源配置的调节作用。

科技资源配置的最高层次是宏观层次，是指全社会的科技资源在不同科技活动主体、不同科技活动过程、不同学科领域、不同地区及不同部门之间的分配，其目标是要使科技资源在全社会范围内进行配置，促进科技、经济和社会的协调发展。

总之，科技资源配置情况反映了科技资源的总量及这些科技资源配置的比例和科技资源的运行方式。一个地区的经济结构在很大程度上取决于该地区的科技资源配置情况，而一个国家或地区的经济社会发展在很大程度上也取决于其科技资源配置是否合理。

三、科技资源整合

科技资源整合就是在特定区域、空间和时间范围内，以市场机制为主导，优化投资环境，合理动员、利用和科学有效地配置科技资源各要素，增强相互之间的关联与合作，使之在市场竞争过程中动态调节、相互补充、相互作用、相互协调，从而达到优化配置状态，产生整体涌现性和聚合能动效应，推动科技进步和社会经济持续、协调发展。

科技资源整合与科技资源配置有细微的差别，前者主要依赖于政府干预，而后者还包括市场化配置方式。

第四节　产学研合作的相关理论

产学研合作是指企业、高等学校、研究院所三方（或两方）的联合，其合作的使命是完成科学创新、技术创新，并使取得的科技成果由知识形态向现实的生产力转化，实现科技资源、经济资源、生产力要素的重组与优化配置，开通科技成果转化的通道，成为研究者、生产者、经营者、调控者的实施运行枢纽。促进产学研合作，加快成果产业化，用高新技术改造传统的产业，促进高新技术产业发展，已经成为各个国家科技进步和经济发展的重要途径。特别是2008年全球爆发经济危机以来，美国等很多国家通过促进产学研合作，提升产业科技含量，促进产业转型，占领科技制高点，以此作为化解危机的突破口。中国更是积极地应对危机，出台十大产业振兴规划，而这十大产业规划都需要通过积极开展产学研合作，来提升这些产业的核心竞争力，这为产学研合作赋予更高的使命。

Peter Fusfeld（1982）曾经指出，在产学合作的形式分类上，有正式与不正式之分，也有合作时间上的长短的差别。Ailan（1987）将产学互动分为六大类：一般性研发资助、合作研发、研发中心、产学研联盟、大学中的业界协调单位、创业育成中心与科学园区。Oeisler Rubenstein（1959）曾将与产学研合作有关的研究文献议题加以分类，进而认为，主要有以下有关产学研各方在目标与任务上的本质差异：产学研组织结构与政策上的差异，个别研究人员的哲学、导向与兴趣的差异，产学研合作成效及合作机制的探讨，产学研合作分别对产业界及学术界的利弊分析，如何评估产学研合作的成效等。Bolton Robert（1994—1995）列举了产学合作以来的几种类型：促成产业界的主要科学家回到大学校园，向大学的学生们介绍他们感兴趣的新思想、新技术，大学生在课余和暑假期间到企业的实验室工作，大学计划委员会的工业代表使用大学暂不使用的实验场地和设施，这样一方面大学获得场地的租金，另一方面企业可以雇用一些学生作为实验助手，大学学者到产业界参观或做报告，企业为大学的研究或教学提供各种仪器和设备。技术经济学者爱德温·曼斯菲尔德（Edwin Mansfield，1991）曾试图估计合作研究对于产业创新的贡献，通过研究他得出，在电机、化学、制药、金属、石化几个产业中，如果没有学术研究的配合，将有十分之一的新产品无法被发展出来。学术研究之后至商业化的平均时间约为七年，学术研究对整个社会的投资报酬率大约是28%。Cukor（1992）则从合作案例的角度来分析，他对于公司产学研合作的案例进行了系统的评估。发现为确保产学研合作的成功，需要事先有明确定义的、务实的、切题的目标。Bumham则通过深入的文献探讨，以及对产学研各方的访谈，以期了解产学研关系建立的机制。

他们都很强调谨慎规划合作目标与进行合作项目评估的重要性。赵兰香认为，产学研合作模式的选择是形成良好合作的基础；李廉水(1998)将产学研合作分为政府推动、自愿组合、合同连接、共建实体四种形式；苏敬勤（1999）从交易成本的角度出发，将产学研合作分为内部化模式、外部化模式和半内部化模式；薛金梅和周英超从产学研合作的契约关系上，将产学研合作归纳为技术转让、联合开发（或委托开发）、共建实体三种模式；黄胜杰、张毅(2002)提出了三种模式，即集成模式、联合模式、共建模式，以及产学研合作模式的网络特性；朱桂龙、彭有福（2003）提出产学研合作创新网络组织，以及三种网络组织模式，即技术协作模式、契约型合作模式、一体化模式；许慧敏、朱军（2003）提出建立风险投资嵌入式产学研合作模式；王玉民等（2003）按照产学研合作的互动关系，将产学研合作分为科技成果转化型、风险共担型、改制重组型；中国台湾地区的学者许文秀在其博士论文中，提出产学研互动演化的三种模式，即会员制模式、关系模式、伙伴关系模式；朱桂龙（2003）将产学研合作、创新与网络组织的含义整合，提出产学研合作创新网络组织模式，介绍了它的特点和优势，总结出组织模式和运作机制；王英俊（2004）提出“官产学研”虚拟研发组织模式，并分为“政府主导型”、“产业牵引型”和“学研拉动型”三种类型；邹庆云（2003）总结出我国产学研合作的基本模式：产业与科研联合体、高校及教授博士创办企业、研究机构转制为企业，技术转让、企业技术中心，工程研究中心和企业博士后工作站，大学科技园；刘军跃（2003）以重庆摩托车企业为例，提出产学研战略联盟的组织模式，其类型有契约型和股权参与型两种；李廉水（2002）根据合作的紧密程度，将我国产学研合作创新的组织方式归结为政府推动、自愿组合、合作连接和共建实体四种；吴树山等（2002）归纳出我国产学研的合作模式和四种合作创新机制，提出了官产学研商、主客体大循环、涉外型主客体三种产学研合作新模式与新机制；王娟茹等将产学研合作模式归结为技术协作型、契约型和一体化型等三类，并详细地分析了各自的优缺点、适用条件及其组织形式等问题；周静珍等提出了产学研合作创新的权变模式，提出该模式具有适用性、包容性、灵活性、主动性和学习性的特征，并分析了具体的功能。

自20世纪80年代末以来，官产学合作所形成的创新模式，在国际上一直备受科技政策部门与学术界的青睐（方世杰，2000）。为确切、有效地整合国家或区域的科技资源，官、产、学的伙伴关系被提升成为关键因素。所谓伙伴关系，指的是高等学校、产业、政府之间通过组织结构性的安排、制度性的设计等机制，以加强三者资源的分享与信息的沟通，达到科技资源的协同运用与效能整合。其理想的境界为高等学校、产业、政府建立起策略性互动机制。为此，在这些年风靡全球的国家创新体系框架下，学术界开始探讨官、产、学关系的演进与变更以及其中的国家创新活动的影响与体现问题。鉴于生命科学、生物技术等研究领域内，政府、大学与一个特别的产业集群间的密切合作是其生产性创新的先决条件，Nelson Winier（1982），Dosict 和 Uydesdo Besselaar（1994）指出了“需求牵引”和“技术推动”的线形创新模式，在被基于跨学科、组织（公共和私人）和国家边界的合作关系网络发展下的演化模式所代替，而 Freeman（1987）和 Nelson（1993）的国家创新系统，也正在被欧盟等区域间的或跨国界高等学校—产业—政府创新系统所打破（即显示出国家创新系统理论的缺陷与不足），或者说被加以补充。联合国、世界银行、欧盟等国际或多国计划项目，通过高等学校—产业—政府伙伴关系，以实现其推动经济发展目的，从而一种生产新模式出现在高等学校、产业、政府的链接界面上。同时，在以前的基于线性创新模式的研究中，学术性知识对经济发展只承担着长时的贡献，而进入20世纪90年代后，从生物技术和计算机科学领域内的公司形成与研究合同来看，长时和短时贡献都成为可能。奈斯比特说：“当今，大学越来越像是企业，而公司也越来越像是大学。”而在与这两者的关系中，政府的角色也表现出一些矛盾和复杂性，即政府一方面在向学术机构施加着紧压性的激励诱因，另一方面也在超出文化保存、教育、研究、公共管理的传统职能，而变得越加注重“财富创造”。

学者 Gibbons M.（1994）通过对前人的总结，提出了知识生产方式的两种模型：传统模型和现代模型。他认为传统模型下的知识生产活动侧重于认识的角度，并囿于某个单一学科之内，而现代模型则强调从认识与社会实践的双重角度出发，在广泛的社会与经济范围内，开展跨学科的知识创新活动。以 Garrett 等为代表的学者从宏观的角度对产学研合作创新进行了研究，仔细分析了不同制度环境下产学研合作的特征，认为知识是链接科技与产业的中质，科技与产业的链接是由知识的生产方式决定的。相异的制度环境孕育了不同的知识生产方式，进而形成了各异的科学-产业链接模式。在制度环境中，科学技术与经济增长的现实水平对知识的生产方式起着至关重要的作用。连燕华（1994）认为企业是技术创新的主体；赵克、朱新轩（1996）认为技术能力决定了技术创新的基础，高等院校和科研机构应是技术创新的主体；张伟、马慧敏认为，我国现阶段三者都缺乏承担技术创新主体的能力；张纲（1995）认为产学研合作中三者共为技术创新主体；丁厚得认为产学研合作的创新主体有不固定性，强调主体的多重性；徐恩波（2001）对产学研合作的主体概念进行了界定；李志强（2005）从系统论的角度分析，得出企业应该是产学研合作的主体。

王毅（2001）提出黏滞知识是企业持续竞争优势的源泉。而在产学研合作的知识转移过程中，黏滞知识正是转移的关键和难点。王娟茹（2003）探讨了产学研合作中知识扩散的关键因素，建立了高等院校、科研院所的知识向企业进行扩散的模型。周竺和黄瑞华论述了产学研合作的实质是形成知识流动的网络；认为合作中各方的知识产权冲突是影响知识流动的重要因素。

赵兰香（2004）从制度创新的角度，运用制度经济学理论，分析了我国过渡经济条件下产学研合作的实质、决定因素和对创新结构的影响，提出产学研无论采取何种方式，都可视为所达成的交易契约；产学研合作实质可视为一种交易行为；作为制度创新，其实质是改变交易成本；产学研合作的意义要看是否节约了交易成本。苏敬勤（2000）沿用交易成本最小化进行合作创新这一基本假设，从交易费用经济学的角度，认为产学研合作创新是一种特殊的经济行为，指出活动的交易成本包括沟通成本、谈判成本、履约成本和其他成本，并分别进行了探讨，将我国产学研合作的现行方式归结为三种理论模式（内部化、外部化和半内部化）。罗德明等（2001）应用代理人模型，说明了产学研合作创新的激励机制问题。

第二章 科技资源开发与产学研合作案例

第一节 美国科技资源的开发与产学研合作

一、美国国家实验室制度

实验室可分成很多等级，其中最高端的实验室就是国家实验室（National Laboratory）。它一般由国家直接投资建设，进行的也是最重要的研究。作为世界第一科研强国的美国，有一整套完善的国家实验室制度，是美国学术界的顶梁柱。

美国国家实验室制度始建于20世纪上半叶，主要职能是与工业企业建立密切的伙伴关系，通过实验室创造出新的竞争性技术，有效地发挥政府基础研究的杠杆作用。发展至今，美国已经拥有一套完善的国家实验室系统，有实验室500多间，雇用了超过10万名的科学家，约占美国科学家总数的20%，每年科研经费达到250亿美元，约占联邦政府研发经费总额的1/3，在各个基础和前沿领域开展研究，创造了许许多多重要的创新成果和技术，是企业获得创新成果的重要来源。

美国的国家实验室一般隶属于联邦的政府部门，如能源部、国防部、NOAA（国家海洋和大气局）、NASA（国家航空航天局）等，由联邦政府拨款支持，是美国科学研究的一支中坚力量。但政府并不直接管理这些实验室，而是委托大学、研究所和公司代管。这样做的好处是，代管大学、研究所和公司可以借用实验室的财力与物力增强自己的研发实力，同时政府又可以得到代管者的人力和管理支持，因而从体制上做到官产学研合作研发与资源共享，从而形成所有权与管理权分离的科技资源整合模式。

美国的国家实验室为了国家的战略目标开展重点研究，同时开展基础领域和应用研究，不仅推动了科学的进步，也推进了国民经济的发展，是美国科研领先地位的重要支柱，培养了很多诺贝尔奖得主，获得了无数先进的科研成果。其中最著名的就是劳伦斯伯克利国家实验室（Lawrence Berkeley National Laboratory）。

劳伦斯伯克利国家实验室位于美国加州大学伯克利分校，是1939年诺贝尔物理学奖得主伯克利建立的。劳伦斯伯克利实验室下设18个研究所和研究中心，有雇员3800多名，其中相当一部分是伯克利分校的教师和学生，研究领域涵盖了高能物理、地球科学、环境科学、计算机科学、能源科学、材料科学等基础学科，2004年财政预算超过5亿美元。自建立以来，劳伦斯伯克利实验室共培养了5位诺贝尔物理学奖得主和4位诺贝尔化学奖得主，是政府与研究性大学成果合作的佼佼者。

通过国家实验室等公共机构，在过去50多年里，美国政府提供比其他国家政府、机构或实体更多的资金资助世界性的科研开发。在政府投资的刺激下，美国的自主创新能力不断提高，在信息技术、生物技术、材料科学等领域中，每天都在创造新产品，不断有革命性发现。

二、大学技术经理人协会对大学科技成果转化的促进

科技的竞争不仅表现为科技创新的竞争，还表现为科技成果转化的竞争。美国是技术转移成效卓著的国家之一，自从1980年通过《拜杜法案》，特别近十几年来，利用大学发明向产业进行专利许可在美国以惊人的速度发展，其中，大学技术经理人协会（Association of University Technology Managers，AUTM）发挥了关键作用，其运行模式和成功经验值得我们学习和借鉴。

美国高校的技术转让主要是首先获得知识产权保护，然后通过产权许可（License）来实现。这个过程包括披露新发明、在发表科学发现的同时申请专利、将专利权许可给企业作商业开发。从20世纪初到60年代，大学通过专利许可进行的技术转移非常有限，只有很少的大学从事学校创造发明的保护和许可工作，多数来自联邦政府资助计划的发明的所有权属于政府。1980年美国国会通过了《拜杜法案》，该法案明确规定：不但大学从事许可业务正确，而且联邦政府给予研究资助很有必要。在《拜杜法案》激励下，20世

纪 80 年代，许多大学纷纷建立技术许可办公室（Technology License Office，TLO），TLO 负责评估、选择进而保护特定的发明，以确保产业界投资者愿意支持大学发明的开发和市场化。1974 年大学专利管理者协会（Society University Patent Administrators，SUPA）成立，通过会议、课程和出版物，SUPA 集中力量对美国的大学技术进行有效的保护和许可，到 1989 年，SUPA 认识到其成员的角色和责任大大超出了“专利管理”的范畴，于是改名为大学技术管理人协会。因为有成功的模式可供借鉴，加上 AUTM 提供职业培训，美国大学的专利申请和许可在 20 世纪 90 年代增长迅速。许多与此项活动相关的要素（发明披露的数量、申请专利的量、授权许可和许可收入）以惊人的速度增长。1980 年以前，每年不到 250 个专利授权给大学，科学发现也极少被用于公共利益。相比之下，在 2004 年，AUTM 仅美国地区就报道签署了 4783 个专利许可，发明披露量为 16871 件，专利新申请量为 10517 件，新许可和特许生效增长到 3680 个。在 2004 年，AUTM 美国报道 567 个新产品被开发出来，2004 年度拥有的有效许可协议达 26086 个。该组织已成为结合官产学研各界，致力推动知识产权经营管理与技术转移的国际化组织。

AUTM 的运行模式主要体现在以下几方面。① 举办培训和各种活动。AUTM 每年为会员提供大量的培训活动，让会员接受先进的教育，通过与技术转移领域的资深人士建立联系，分享他们的经验和知识。培训主要课程涉及技术转移操作技巧、公司创始阶段业务开发、许可方面的先进经验等。通过参加 AUTM 的各种活动，会员们开阔了眼界，拥有了更好地完成自身机构使命的能力。② 出版发行物。通过 AUTM 的通讯杂志、技术转移手册等，让会员了解商业开发、许可、专利和研究开发方面的最新信息，以及重大的立法和法律问题；出版自己的期刊和专著，刊登学术界人士撰写的技术转移方面的专业文章。出版物和会议已成为发布研究结果和交流新创意、新发现的传统场所。③ 搭建信息平台。AUTM 通过网络提供各种信息，通过该网络，可以方便地连接到各大学的技术转移办公室。通过互联网络为发明寻找市场：美国大学大都有一个能在线检索的许可发明数据库，以及一些新近成立的组织为用户提供标准的、简便的大学发明在线数据库检索，工业界则通过它们了解和追踪与他们的商业利益息息相关的新知识。④ 举办年会。每年举办邀请会员参与的年会，已成为技术转移界的年度盛事，活动探讨议题涉及广泛，包括知识产权的商业化、法律、政策、生物科技、信息技术等。AUTM 年会也会新增主题，以适应技术转移和经济全球化的发展，如 2004 年的大会通过了将产业界人士纳入董事会的决定，首次设置了“技术转移在中国”的工作研讨会等。⑤ 年度调查。从 1991 年起，AUTM 开始对美国的大学、研究机构进行广泛的调查，并在年会上予以发布。AUTM 的年度调查业已成为技术转移界衡量转移成效的标准数据。

通过上述的一系列活动，AUTM 对美国的技术转移活动作出了如下突出贡献。① 促进国家竞争力的提高。在当今世界科学技术日新月异、经济的发展日益依靠科学技术创新的条件下，经济竞争力实质上是科学技术领域的一场较量。当前，为维护美国科技的领先地位，增强美国工业的国际竞争力和保持美国作为世界经济大国的地位已成为美国科技政策的出发点。而提高美国经济的国际竞争力成为美国关注的中心。AUTM 引领美国乃至全球技术转移的风潮，为美国大学的科技成果商业化提供优质服务，同时促进了美国国家竞争力的提高。② 提出衡量大学和科研机构技术转移成效的评价标准。从 1991 年起，AUTM 开始对美国的大学、研究机构进行广泛的调查，并建立了一套评价大学和科研机构技术转移成效的指标体系。早期的量化指标包括专利申请量、签字生效的许可协议、新成立的公司。后来的量化指标包括许可费用的收入、特许权使用费、产权投资收益、成功进入市场的产品数。其他非量化数据也同样重要，比如大学保留企业家型研究人员的能力，吸引杰出毕业生的能力，通过吸引私人企业投资增加承担科研项目的能力，通过高水平的科研培养训练出高素质的学生的能力等，均是美国评价大学声誉的指标。③ 促进美国高等教育的发展。大学的使命是教学、科研和社会服务，技术转移能促进大学教学的发展。美国大学极为重视和支持咨询工作，因为教师从事咨询工作不但可以获得额外的收入，而且可以获取有关产业需求的有用信息。这些信息有助于他们制订更加符合产业需求的教学和研究计划，有助于他们的研究生更好地适应产业工作。随着大学毕业生（本科生和研究生）从大公司转向中小企业和新成立的公司，一些课程设置也相应地变化，例如，为商业和工程方面的学生提供一些与企业或小型商业管理有关的知识，这些学生是最有效的技术转移力量，毕业后，他们带着在大学里学到的思想和知识加入生产力大军。另外，长期以来，美国大学十分欢迎来自其他大学和企业的访问学者。过去几年，美国大学的研究计划更偏重于大企业的参与，有些联合项目甚至发展为“超级联合”，即成立跨学科中心，还有就是和国外的研究机构组成科研联合体，从而激励不同研究机构中的科研人员在特定的研究领域内开展积极合作。在类似这样的新项目的吸引下，产业代表走进大学校园，走进大学实验室，开展合作研究，促进了大学高质量人才的培养。

一方面，技术转移促进了大学科研的发展。通过技术转移，大学可以获得大量的收益收入，与发明人共享，并根据各学校制订的分配政策用于后续科学研究和教育。学校的这些可支配收入一般被划拨到学校的研究部门，以解决一些实际问题，如补贴研究生研究助理、购买新设备、建立研究项目或资助访问学者等。大学同时也用此收入维持技术转移过程、支付部分专利费和专利许可发生的法律费用，以及市场和管理人员的费用等。大学的技术转移及分配方式既调动和保护了教师从事技术转移的积极性，也保证了科学研究的良性循环。另一方面，大学的技术转移同时也促进了社会的进步，让公众从大学、企业合作中受益。当企业从大学获得技术许可后，大学和企业将保持很长一段的合作关系，这种持续的合作关系将有利于实验室的新发现走向市场。合作还可以让技术的最初发明者参与进一步的开发，以减少实际商业化的时间。

目前，美国的学术界和企业界已达成这样一种共识：大学技术转移的成就为社会各界提供了大量的机会。对大学来说，大学技术转移为学术界提供了科技影响市场、产品和经济的机会；对企业而言，技术转移提供了私营、盈利企业接触实验室研究成果的机会；对公众而言，大学技术转移提供了共享人类智慧，从杰出的新发明中获益的机会。

三、完善的科技中介服务体系

美国的科技中介服务业极其发达，中介机构在科技创新中发挥了“桥梁”和“润滑剂”的重要作用。美国的科技中介组织主要是为创新和产业化提供信息咨询与技术支撑服务，其主要类型包括技术咨询或经纪机构、大学和研究机构的技术转移办公室，“孵化器”，技术评估组织，技术测试与示范机构等。这些科技中介机构作为独立实体存在的情况是很少见的，大部分都依托于大学、研究机构、协（学）会、政府部门、咨询公司、风险投资公司和律师事务所。

美国的科技中介服务机构种类繁多、组织形式多样、专业化程度高、活动能力强，所发挥的作用也各不相同，但大体可以分为营利和非营利两大类。

(1) 非营利科技中介机构。

非营利科技中介机构在整个科技中介机构中占据相当重要的地位，发挥着不可替代的作用。根据设立者不同，非营利科技中介机构又可以分为国家设立的中介机构和民间设立的中介机构。

国家设立的科技中介机构数量很少，但大多数规模和作用都比较大。根据美国法律，凡国家设立的任何机构，包括非营利机构，均需由国会通过相应的法案，形成为法律，方可设立。机构的职能、业务范围、经费来源均由该项法律进行规定。国家设立的非营利科技中介机构的典型例子包括国家技术转让中心和联邦实验室技术转让联合体等。

更多的非营利科技中介机构是民间设立的，其中大部分属于综合性较强的中介机构，只有少量是较为专业的非营利中介机构。综合性非营利技术中介机构业务表现为高度的综合性，即同时承担相当于我国行业协会、生产力促进中心、科技企业创业服务中心、技术市场、人才市场等中介机构职能。而且大部分有影响的综合性科技中介机构采取会员制的方式，以行业协会或企业协会的形式存在。综合性中介机构的收入来源有以下几种情况。① 开办之初主办者（即协会的董事）投入的启动资金。和我国的情况不同，这里的主办者一般都是私人企业或基金会，很少有政府资金的介入。

② 在运营过程中，对所提供的服务进行适当的收费，举办大型活动时，还可从企业、私人基金会等地方获得一些赞助。③ 非营利中介机构还可提供衍生性服务，如组织撰写各种研究报告并出售，提供有偿市场咨询，在面向会员的内部刊物上登广告等。典型的例子如北弗吉尼亚高技术企业协会。

（2）营利性中介机构（即中介公司）。

营利性中介机构也就是常说的中介公司。与非营利机构相反，中介公司绝大多数为专业性机构。作为公司，其法律地位、权利、义务与普通公司完全一样。国家不提供任何针对技术中介服务公司的优惠政策。美国从事技术中介服务的中介公司主要有两种。一是“孵化器”。近年来，随着高科技产业的蓬勃发展，“孵化器”公司也日益活跃，成为一个值得注意的行业。“孵化器”主要是选择初创的公司特别是技术型公司进行投资和培育，以取得投资回报为目的，但它更侧重于提供服务。当然，“孵化器”对选中的初创公司也会进行直接投资，但一般不像风险投资那样追求控股，而是占有一个合理的股份比例，而且并不直接介入初创公司的管理，主要是提供管理咨询。与此同时，“孵化器”会提供办公场所等方面的便利，会提供商业网络、市场渠道、技术测试、客户信息等方面的服务。二是技术咨询和技术成果评估公司。一般来说，如果这类中介公司不依托其他资金或技术来源，完全靠独立渠道技术和资金信息、技术成果评估等牵线搭桥业务，是很难在市场中生存的。所以，多数技术咨询和技术成果评估机构不是独立存在的，而是作为大的咨询公司、风险投资公司和律师事务所内部的技术咨询部门而存在。实际上，这是民间营利性科技中介机构最常见的一种存在方式。

为了更好地发挥科技中介机构的作用并促进科技中介机构的发展，美国政府制定和实施了一系列的法律法规。但是由于美国科技中介机构服务的领域和范围非常广，因此，针对不同的中介机构类型和业务领域，政府发挥的作用也不尽相同，主要有以下两个方面。

① 制定了一系列的法律措施。美国将技术转让纳入联邦政府相关部门的职责中，围绕技术转移与商业化制定相应的法规，为科

技中介的发展创造良好的氛围。1980年通过的《贝尔-多尔法案》规定，大学、非营利机构和小企业在联邦政府经费支持下作出的发明，拥有权仍然归其自己，并给予政府拥有和运营的实验室排他性转让其专利技术的权力。同年，美国国会还通过了《史蒂文森-威德勒技术创新法》，明确了联邦政府有关部门和机构及其下属的联邦实验室的技术转让职责，规定凡是年预算在2000万美元以上的联邦实验室，必须设立专门的研究与技术应用办公室，从事研究开发成果的技术转让，各联邦机构将其研究开发预算的0.5%用于支持下属实验室研究与技术应用办公室的工作。1986年，美国国会又推出《联邦技术转让法》，该法是《史蒂文森-威德勒技术创新法》的补充法案，提出联邦政府雇用的科研人员对于职务发明专利的技术转让收入可提成一部分（个人所得不少于15%）。该法还规定，对参加联邦实验室合作研究的企业，不论规模大小，该企业可以享有成果权，从而调动了企业投资应用联邦实验室技术成果的积极性。在这之后，美国国会又制定了一些法律，进一步推动了政府资助的研究成果向企业的转移。进入20世纪90年代，美国又对《联邦技术转让法》进行了多次修正，目的是要通过立法，加强联邦政府及研究机构对技术转让的责任，去除制约技术转让的不合理障碍，通过加速联邦资助的技术成果的转移，提高美国经济的竞争力。

② 采取了多种多样的发展策略。首先，采取直接资助建立国家科技中介机构的模式。美国政府认为，科技信息传播是公共性的事业，能使全社会受益，同时，其直接商业价值不明显，因此需要得到政府的帮助。为此，成立了国家技术转让中心和联邦实验室技术转让联合体。但是必须说明的是：国家技术转让中心和联邦实验室技术转让联合体虽然设在商务部，但它们都是执行机构而非管理机构，它们对企业主要是执行服务和协调的职能，对政府则提供政策咨询，本身并不具备很强的管理和管制职能。其次，美国政府通过给予非营利科技中介机构政策优惠鼓励其发展。在美国，大多数的科技中介机构属于非营利机构，因此，它们能享受政府对非营利机构提供的一系列政策优惠，当然，这种优惠并不特别针对科技中介机构，而适用于一切非营利机构。再次，对于商业性科技中介机

构，和对其他一切商业性机构一样，美国政府采取市场经济政策，基本上不采取任何干预或扶持措施，完全通过市场的手段让其自由发展。但是，美国政府管理的重点在于采取法律和法规手段，为科技中介机构的发展创造公正、公平的竞争环境。最后，美国政府还将提高科技中介机构的服务职能列入政府工作计划，并通过这些计划的实施，在全国范围建立起各类科技中介的组织网络，从整体上提高中介服务的能力。美国政府充分发挥协会的作用，很多协会支持和从事合作研究开发活动，从而提高科技中介机构的运作效率，降低运行成本，促进标准的建立或分享竞争前技术研究成果等。

四、美国产学研合作的成功经验

硅谷模式是美国产学研合作的典型代表，硅谷的发展带动了美国的信息产业技术革命，取得了良好的经济和社会效益，结合方式也比较灵活，其产学研合作具有以下特点。

（1）政府大力支持。

在美国政府中，有许多科研资助部门，联邦政府通过促进企业与企业之间的合作研究，鼓励大学与企业在技术发展上的合作，支持企业与国家实验室的合作，并且尝试用一系列的计划，如“促进制造业科学发展的国家中心计划”“半导体研究计划”“新一代汽车合作计划”“人类基因组图谱计划”等，来加强民用技术的创新能力。同时，联邦政府更加重视高新技术的研究与开发，并特别强调科学技术对经济增长的促进作用。总的来看，美国政府的一系列包含产学研合作方面新内容的政策主张，对产学研合作的发展起到了推波助澜的作用。美国政府对硅谷的最大贡献是作为硅谷的最大客户之一，保障一种平等、自由竞争的市场秩序，并努力消除阻碍竞争和创新的因素。

（2）大学与企业展开密切合作研究。

由大学和企业共同提出研究课题，或由其中之一提出而由两者共同承担，其研究成果一般都会被企业直接应用于产品开发中。还有大学与企业建立合作研究中心，这是吸引美国联邦、州和企业研究基金及其他基金资助的一个重要机构，其选题特点是针对某一行业带有普遍性的技术问题进行探索，相当于应用研究。高校在其中的作用主要体现在：一是把实验室的发明创造转化到商业领域；二是为高科技提供合格的职业人才。

（3）建立完善的制度保证。

硅谷的制度环境表现在以下五个方面。

第一，由美国的全国证券交易商自动报价系统（NASDAQ）股票市场和风险投资构成的硅谷高技术公司融资环境。这种融资环境为产学研的实施提供资金和管理经验的支持。

第二，以大学和科研院所为主的创新源头和产业需求终端之间不断互动的创新环境。创新源头和需求终端之间不断互动的创新体系与完善的人才流动机制，使邻近的斯坦福等大学的优势得到了充分利用。

第三，以股票期权为特征的知识股权制度（Knowledge Stock Ownership）和人才激励环境。

第四，诚信、有序、高效、竞争的市场环境。

第五，良好的基础设施和生活环境。良好的软、硬环境是世界各国科技园区共同具有的优势。

（4）硅谷地区已经形成了一种深厚的鼓励创新的文化。

创新靠人而不是靠物。硅谷没有大楼，没有明显的园区，很多传奇性的创业故事发生在仓库、车库等地方，而不是在高楼大厦中。

第二节　德国科技资源的开发与利用

德国是世界上的科技大国与经济强国之一。科学研究具有较长的历史和优良的传统，在自然科学与人文科学的许多科目中，曾处于领先地位，共有 40 多位德国科学家获得了诺贝尔物理、化学、医学奖。在经济方面，德国是高度发达的工业国家，经济实力位居欧洲首位。特别是 2000 年以来，大多数发达资本主义国家的经济发展非常不稳定，而德国经济保持良好的增长势头。德国在科技和经济方面所取得的巨大成就与其国内研究机构的合理布局、良好的科技基础设施与平台建设和高效的科技管理体制是分不开的。

一、德国科研机构的布局

德国拥有一整套结构完善、分工明确、协调一致的科研体系。联邦教育研究部是主管国家科技发展的政府职能部门，负责制定并实施科学技术发展的方针、政策，利用政策法规和管理科研经费等手段，对国家科技活动进行宏观调控。同时，还负责协调联邦政府各部之间以及联邦政府与州政府之间的科技政策和科研活动。高等院校、独立研究机构、企业科研机构是德国科研体系的三大支柱，其中由政府公共财政支持的研究机构约有750家。

高校研究机构是基础研究的主体。德国共有300余所大学及专科学院，它们既是一支很强的基础理论及应用研究队伍，又是培养科研后备力量、保证科研力量不断更新的重要基地，尤其是自然科学基础理论研究的大多数领域和人文科学领域是研究工作专业方面最重要的负责部门。这些研究机构主要分布在一些综合性大学和各类专科学校，都有自己的特色研究，这些高校研究机构在基础理论研究、应用研究、培养科研人才方面，发挥着非常重要的作用。

独立研究机构是德国基础应用研究的主体。德国独立科研机构是由联邦政府和州政府共同资助的非营利科研机构。这些机构主要是基础技术研发与推广应用研究，其中包括从事自然科学、人文科学、社会科学领域基础研究的马普学会，从事应用研究的弗朗霍夫学会，从事综合性跨学科战略研究的15个国家研究中心和79个“蓝名单”科研机构。其中，马普学会拥有80个规模、结构、任务各不相同的研究所、研究站、工作小组，弗朗霍夫学会拥有56个研究所。同时，在联邦政府的各个部门下，设置了28个信息中心。此外，在德国的16个州共有州级研究机构167个，这些研究机构主要是为当地的科技发展、技术推广应用、经济建设和社会发展服务。

在德国，企业科研主要是面向市场的研究与开发，仅有5%的企业从事基础研究。大企业为了保护竞争，除非申请到国家科技规划的重点项目，全部研究与开发经费原则上由企业自行承担。其中，在工业领域，三分之一的企业有独立的研发部门并进行R&D活动，在这些有研发机构的企业当中，约有一半的企业从事连续的研发活动，而另一半企业只是从事零星的研发活动。在化学工业、医药工业、机械工程工业、测量技术和控制技术行业中的企业在进行 R&D 活动上的积极性更高，约占该行业企业总数的 50% 以上。这些企业的技术研发机构占整个企业研发机构的四分之三，是产品技术研究与开发的主体，对产品的国际竞争力起着决定性的作用。在服务业中，有独立研发机构和从事 R&D 活动的企业约占总数的 10%。这些研发机构主要是提供各种技术服务（约占总的研究机构的 30%），在通讯企业中尤为明显。另外，还有 300 家专门从事市场定位与顾客需求研究的机构。这些企业的科研机构一方面通过技术服务提高技术的附加值；另一方面通过研究市场需求，有利于企业有目的的技术研发，从而避免科技资源的浪费。中小企业为了加强自己的研究开发能力，降低技术研发成本和技术研发风险，实现资源共享，分别成立了各种行业的或跨行业的联合研究开发机构。这些联合研究开发机构组成德国工业研究协会联合会，成立于 1954 年，大约有 5 万家中小企业会员，拥有 106 个行业或跨行业的合作研究机构，参与研究合作的科研机构共有 800 多家。此外，政府为了提高中小企业的创新能力，大力支持中小企业以各种方式联合开展研究开发工作。

二、科技基础设施与条件平台建设

德国政府对投资基础研究大型设备方向明确。2000 年秋季，联邦教育与研究部委托德国科学委员会对 9 个大型设备进行专业评估和科学政策分析。2002 年 7 月，该委员会向联邦教育与研究部提交了自然科学基础研究的九个大型设备的评估报告。

大型设备分为三组：第一组是高质量基础研究设施，并对各领域研究的发展有决定性影响，主要有超高磁场实验室以及大气研究和地球观测用科研飞机，预计投资分别为 2500 万欧元和 9700 万欧元。第二组同样是高质量基础研究设施，但存在有待明确的问题，主要有电子——正电子直线碰撞机（TESLA）、TESLA 自由电子 X 激光、高密度高质量离子束加速器，预计投资分别为 34.5 亿欧元、6.73 亿欧元和 6.75 亿欧元。第三组主要有弱 X 射线用自由电子激光、欧洲裂变中子源、中子结构分析用高场强设备和欧洲破冰科研钻探船。

同时，德国政府也十分重视信息基础设施建设。2006 年 3 月，欧洲计算速度最快的超级计算机 JUBL 在德国投入运行。JUBL 采用并行计算方式，计算速度为每秒 46 万亿次。联邦教育与研究部通过机构资助的方式资助了这台超级计算机的购置、安装和调试。这台超级计算机的投入运行，将推动德国材料技术、生物信息技术、纳米技术和环境技术的研究。慕尼黑莱布尼茨计算中心的超级计算机也于 2006 年 7 月投入运行，目前计算速度达 69 万亿次，居世界十大计算机之列。2007—2009 年，联邦教研部投资 3000 万欧元，为德国的三大科学计算中心（于利希计算中心、慕尼黑莱布尼茨计算中心和斯图加特计算中心）联网，建立高速计算网络。

目前，德国在信息技术及基础设施方面，继续保持领先地位，包括从 2000 年起实现与国际互联网的无线联网，至 2005 年发展新型宽带移动通信，为用户提供全天候、全方位的多媒体服务；2005 年发展光学网，2010 年实现每户都拥有光纤接口。

三、灵活高效的科技管理体制

为与其科研体系相适应，德国还建立了较为合理的科技管理体制。联邦政府主要为大型研究中心（提供其 90% 的科研经费）、高等院校（通过德意志研究联合会以项目的方式提供支持，并承担大学约 50% 的基建投资）、马普学会、弗朗霍夫学会（约有 1/3 的经费由联邦政府和所在地州政府提供）提供支持。州政府则主要为高等院校（负责大学的工资、行政费用和另外 50% 的基建投资）、马普学会、弗朗霍夫学会提供资金。其中，联邦教育与研究部是德国政府科技宏观管理部门，它的前身是 1994 年由“联邦教育、科学部”和“联邦研究、技术部”合并后组成的“联邦教育、科学、研究、技术部”。其主要任务是：制定科技政策；协调联邦各部门及各州的科技活动；制定并组织实施长远科技规划；指导科研机构的科研工作；制定有关教育的法令与政策；负责科学与教育事业的国际合作与交流。在科研方面的任务是：促进基础研究；促进环保、能源、天气、生态、卫生、海洋、交通、航天等领域的研究与开发；促进生物技术、信息技术、新材料、激光技术等高技术领域的研究与开发；促进国际科技合作。

除政府部门外，成立于1951年的德意志研究联合会也是一个重要的科技管理部门，它类似于美国的国家科学基金会。其经费的99%由联邦政府和州政府提供，代替政府进行部分科研项目的审查和经费分配。其早期的活动着重基础研究，后来也扩大到应用研究领域。它是一个法人机构，但由科学界自主管理。其成员包括高等院校、马普学会、费朗霍夫协会、大型研究中心等。其资助的对象主要是大学的研究开发机构。

根据法律规定，州政府和联邦政府对科学、技术和教育事业的发展承担同样的义务。1970年，联邦和州教育及研究促进委员会正式成立，它是专门协调联邦政府与州政府之间的科技政策和规划的常设机构。1974年，德国又设立了由联邦总理和各部部长组成的内阁教育、科学和技术委员会，负责协调联邦政府内各职能部门间的科技政策。这种对科技管理实行一部主管、多部门合作的方式在世界上并不多见。特别是各州政府对科研事业均承担较大的责任和一定的管理权限，并在一定范围内不受联邦政府的干预，这种体制不同于法国、日本，甚至美国等国家。因为即使在同样是联邦制的美国，政府提供的科研经费也大部分来自联邦政府，州政府只起到有限的作用。

德国的科研机构根据法律规定享有最大限度的自治权。除了承担国家重点研究项目外，它们在科研选题、人事安排和行政管理等方面，均不受政府干预。尽管在向政府申请科研项目资助时，会遇到政府资助方向的限制，但是，即使得不到政府的资助，他们的研究工作仍然可以照常进行，主要从事应用技术研究的工业、企业和研究机构尤其如此。

第三节　日本科技资源的开发与产学研合作

一、促进科技资源共享的政策措施

在科技发展过程中，日本较早地关注到科技资源共享的重要性，通过制定法律政策与战略、实施项目计划、提供财政投入支撑和鼓励官民共建等手段，逐步建立起独具特色的国立大学共同利用体制、产业技术合作研究体制、大型尖端科研设施共同利用体制，以及中央与地方政府共同努力、产学官合作共建科技成果转化平台等科技资源共享体制。

国立大学共同利用体制是日本独特的科研设施设备共享与研究交流合作体制。其特点是经过多年的建设与完善，形成大学共同利用机关、国立大学附设研究所和研究设施网络，将其所拥有的大型学术研究设备、资料、数据提供给全国的研究人员共同利用，开展合作研究，推动跨学校、跨领域的大规模、高水平、高效率的研究开发。主要包括：① 大型设备利用型，拥有大型设备或设施并将之共享，在建设这类设备设施时，各大学的研究人员社团从规划设计阶段即参与其中；② 合作研究型，根据设定的研究课题开展相应的合作研究或研究讨论等；③ 研究资料提供型，收集与保存学术资料并将之共享者；④ 信息基础中心，建设、完善并提供研究与教育等的信息化基础设备等。

产业技术合作研究体制开始于 1961 年日本政府颁布《工矿业技术研究组合法》，鼓励企业成立开展针对重大共性工业技术合作研究开发的“技术研究组合（协作组织）”，为之提供了一系列的财政补助金、各种税制优惠等政策，以推动民间企业以多家企业协作组织方式积极参与国家重大工业技术项目的研究开发。技术研究组合的特点是由拥有共同特定志向的多家企业为开展特定研究开发计划组成协作组织，完成目标任务后即解散。迄今为止，累计成立过 120 个技术研究组合，目前存在的约有 50 个。此外，为促进民营企业间的合作研究，还提供一系列的优惠政策，鼓励企业根据民法第三十四条联合设立非营利的公益法人“财团法人”，以此作为合作研究开发主体。财团法人与研究组合的主要区别在于前者的成果可为不特定的众多业者分享，后者成果只限参加组合的成员单位享受；前者可以是永久性组织，后者一般在达到目标后即解散。

1970 年，日本开始集中兴建世界一流的尖端大型科研设施，并形成以此为据点，促进共同利用与合作研究交流的大型尖端科研设施的共同利用体制。1986 年，日本政府制定了《科学技术政策大纲》，将“加强科技振兴基本条件建设”作为推进科技政策的重要措施，有力地促进了科学装置建设及其共同利用的发展。同年，颁布《研究交流促进法》（2006年最终修订），规定国家必须采取措施，改善国立、独立行政法人和国立大学法人所设立的研究设施的性能与条件，为利用者提供必要的信息和信息通信技术，促进其设施的广泛利用。

20世纪90年代中期以后，日本在科技产业发展方面更加注重发挥地方的主体性和积极性，推出一系列产学官合作促进科技成果转化，推动地方高科技产业发展的政策措施，形成了中央与地方共同努力、构建产学研合作科技成果转化的平台，其中影响较大的有以下几种。

① 地方新生研究共同体研究开发计划。该计划于1997年起实施，特点是鼓励地方的企业与大学等研究机构组成研究开发共同体，开展高技术、高风险、高回报的研究成果产业化项目。以公开征集的方式选定项目，由政府以委托费方式提供全额研究开发费（限额内）。自1997年起实施至今，已累计投入1098.1亿日元，支持了1101个项目。

② 创建知识集群计划。该计划于2002年开始实施，实施的基本方式是，由地方自主制定知识集群形成计划，并指定实施的核心机构（如科学技术振兴财团）。文部科学省批准该计划后，向实施计划的核心机构交付补助金（每年5亿日元）。截至2006年，文部科学省已在全国各地认定了18个“知识集群”。

③ 产业集群计划。该计划于2001年开始实施，目的是支持地方中小企业和风险投资企业与大学及研究机构合作，形成广泛的网络，促进地方创新，开发新技术，培育新产业。该计划目前实施中的有17个项目。自2001年至今，经济产业省已累计投入2814亿日元（年均预算约300亿日元），累计有约10700家企业、290所大学等参与了该计划的新产业创造活动。

二、日本的科技基础设施与条件平台建设

日本于1997年开始实施“知识基础建设推进制度”，并在科学技术振兴调节费中，分设了知识基础建设推进制度专项调节费。其目的是为了加强国家整体面向21世纪知识基础的建设与积累，并

更有效地向包括民间企业在内的整个科研系统提供基础性服务。通过这项制度，日本希望建立起各种学科的大型数据库、生物及遗传基因库，建设更高水平的试验、计测、标准、调查方法，并为科学研究提供更高质量的各种实验所需的基础材料。日本的基本方针是由政府投资，各厅分头实施，建立公众基础资源中心，达到互通有无、资源共享、增加国家整体知识资源积累的目的。

日本政府还十分重视科研信息情报基础建设。日本人认为，日本是物质资源极其匮乏的国家，唯一可在日本本土产出，并可供21世纪发展利用的资源就是科技信息情报。因此，自1955年实施"科学技术发展基本计划"以来，日本一直将信息情报的资源开发及流通视为21世纪日本发展的基础，投入了极大的力量，重点做了以下几方面的工作。

① 大幅度地提高了国立研究人员计算机拥有量。

② 实现101个国立研究机构之间及与美国、韩国等亚太高级研究信息网络的大容量高速数据交换。1996—1999年的四年时间里，日本完成了政府部门间研究信息网络的改造工程。

③ 于1998年建成了全国规模科研专用的超高速光通讯网：全国设45个接点，共同利用专用设施5个。

④ 建成了全国学术情报网：截至1999年3月，共有434所大学、318个研究机构加入了这个网络。

⑤ 建成了大学情报网：76所大学引进了非同步传输交换机，实现了校际高速数据传输。

⑥ 加大了科研数据库建设力度：已建成了地球环境研究数据库、基因数据库等14个大型科研数据库。

除此之外，日本还加强了与美国CAS、德国FIZ、国际科学情报网（STN International）等国际网络和数据库的联系，目前已可以向国内的研究机构提供近200个国外的数据库服务。另外，日本于1996开始与美国商务部合作，开设了美日学术文献机器翻译中心，向日本国内提供实时服务。

由于当今科学的发展在很大程度上取决于研究手段，日本从桥本内阁开始，将国家用于刺激经济的公共投资从过去的主要投向道路、港湾等方面，转向科研设施和大型科研设备等方面。最近，日本又计划在三年内将目前国立研究所的设备老化率（购入10年以上）从38.1%降至10%以下，在粒子、超导、超微、极限科学方面，都有一些新项目被列入了由政府投资发展的对象，使得日本在大型基础设施方面，将初步赶上美国的硬件条件。1996年以后，日本已建成了世界最先进的回旋加速器Spring-8、世界最大级的三维震动破坏装置、最大级的地面光学望远镜“昂”、非对称性电子对撞加速器、大型螺旋核聚变试验装置等世界最先进的大型科学装置，使基础科研领域的实力大大前进了一步。在解决大型实验手段的同时，日本也对解决国立研究机构和大学的试验设备老化问题进行了大规模的投入。

日本在加大政府对科研硬件投入的同时，也十分注重提高设备的使用效率，采取了一系列的措施，对由政府投入的试验设备都制定了相应的使用条例。法例规定这些试验设备必须接受企业和社会的试验委托，并向相关单位开放这些设备。例如，回旋加速器Spring-8就向大阪大学蛋白研究所及两家企业等开放了8条光束。根据这些设备共用规定，日本目前已有相当多的企业开始委托大学或国立研究机构进行过去企业人力、物力都难以开展的试验，借助于国立机构高水平的试验设备和专业试验人员，使得企业的试验水平大大提高，已明显地改善了企业的开发竞争力。日本由于法制比较健全，“产学研”共同开发体制也搞了多年，积累了相当丰富的经验，“设备共用，接受民间委托”，可以说是其中最为成功的部分。

三、日本产学研合作的成功经验

日本产学研合作经过多年的实践，形成了一个较为突出的特点，就是产学研合作被称为“产学官”合作，一字之差，道出了日本产学合作的官方主导实质和特征。日本产学官合作模式的特点有如下几点。

（1）积极加大政府的科研支持力度。日本政府通过多项科技计划，增加了大量研究课题和研究经费，积极支持国立研究机构和大学研发活动，并将投资重点放在航天、能源、原子能、情报通信、新材料、生命科学等高新技术领域。

（2）建立大学与企业开展共同研究的制度。过去，由于受到制度的限制，日本国立大学与民间极难开展合作。1983 年以后，日本建立了大学与企业开展共同研究的制度，经过近三十年的发展，又建立了委托研究制度、委托培训制度、捐赠奖学金制、捐赠讲座制度、研究室制度等行之有效的制度，使企业界向大学提供的课题数目、研究经费数目均有明显的增加。国立大学的研究人员和民间企业的研究人员可以就共同的课题开展合作研究，将国立大学的研究能力和企业的技术能力结合起来，创造出优秀的科研成果。

（3）通过政府法案支持产学研的合作。为了促进大学科研成果的产业化和产学研的合作，日本国会于 1998 年 4—5 月分别通过了促进大学技术研究成果向民营企业转让的《大学技术转让促进法》和《研究交流促进法》的部分修正案，规定民间企业在国立大学及国立试验研究机构等所在土地（均为国有土地）上建立共同研究设施的，其土地使用费给予优惠。

（4）创办中介机构，促进大学科研成果产品化。为了加强官产学合作，促进大学科研成果向民间企业转移和研究成果产业化，日本政府科学厅创办了促进科研成果产品化的中介机构——“高科技市场”。“高科技市场”的主要工作内容是：挑选所在地区大学和研究机构中能够转化为产品的科研成果，对有关成果产品化的研究提供资助，代为有关科研人员申请专利，协助创办风险企业。

第四节　北京科技条件平台资源的开放共享模式

为深入实施“科技北京”计划，加快建设中关村国家自主创新示范区，完善首都科技创新体系，提升企业自主创新能力，北京市科委通过建立首都科技条件平台，探索出促进北京科技条件资源向社会开放共享的“北京模式”，实现市场化的制度设计，取得多方共赢的效果。北京科技条件平台通过汇聚在京高等院校、科研机构的科技资源，以机制创新为核心，以市场化运作为手段，促进科技资源向社会开放，支撑企业自主创新。

2009 年 6 月 3 日，北京市科委联合中国科学院、军事医学科学院、北京科技大学等 12 家开放科技条件资源过亿元的高校院所，共建北京科技条件平台研发实验服务基地，探索促进共享首都科技资源、共同发展的“北京模式”。2009 年，北京市科委投入 5800 万元，撬动了 76.3 亿元科技条件资源，促进 264 个国家（北京市）重点实验室和工程中心，13112 台（套）10 万元以上大型仪器设备向全社会开放。在此过程中，科技部科技基础条件平台中心对首都科技条件平台建设情况进行了深入的调研，在走访中国科学院、清华大学和中国建筑材料科学研究总院 3 家研发实验服务基地的基础上，形成《北京市科技条件平台建设调研报告》。2010 年，北京科技条件平台整合 100 亿元可供开放的科技条件资源，全面服务于创新型城市建设。同时，依托各基地向社会开放的科技条件资源，北京科技条件平台将逐步统一对外形象，提升服务能力，将服务范畴延伸至全国。

一、构建科技条件总平台

北京市科技条件总平台建设依托北京信息服务网络，既是宣传、展示与服务的窗口，也是科技条件资源开放共享的操作平台。信息服务网络还发挥了为研发实验服务基地、领域平台与企业之间互动提供支撑的作用，在不涉及科技资源的归属等体制问题的前提下，以新的机制促进开放共享。通过共享，进一步促进产学研结合，帮助企业特别是中小企业解决技术难题，促进科技人员为企业服务。科技条件总平台的建立，不仅实现了各方科技资源的整合共享，而且较好地调动了资源主体参与平台建设的积极性，同时引入专业服务机构，解决了市场化运营的问题。

二、打造行业领域平台

领域平台采用行业资源分类聚集的模式，在生物医药、新材料、电子信息、能源环保、装备制造和技术转移领域建立了 6 个平台。6 个领域平台的管理分别依托北京生物技术和新医药产业促进中心、北京新材料发展中心、北京软件与信息服务业促进中心、北京市可持续发展科技促进中心、北京生产力促进中心和北京技术交易促进中心，市场化运作则依托联盟进行。领域平台目前有 76 家成员单位，主要有两大任务：一是整合行业资源，打造行业服务品牌；二是面向政府、市场提供服务。面向政府就是要求领域平台充分整合利用政府投入的科技条件资源，支撑未来国家、地方的重大科技发展，比如对接国家科技重大专项、重大科技项目等；面向市场，要求平台不断挖掘社会需求，开展企业需求与科技条件资源对接服务。

三、建设研发实验服务基地

北京市研发实验服务基地采取整建制整合科技资源、分三年实现全部开放的模式，在不改变现有体制框架结构的前提下，在组织形式上，改变以往以个别单位、零散设备加入的方式，整建制整合平台共建单位科技资源，仪器设备资产的所有权仍在高校和科研院所，只是经营权发生分离，由高校和科研院所授权专业服务机构进行市场化运作，实现工作机制和利益分配机制两个突破，迈出科技资源向社会开放的重要一步。按照整合资源方式的不同，研发实验服务基地又分为综合基地（如中国科学院研发实验服务基地）与专业基地（如军事医学科学院研发实验服务基地）。专业基地的科技条件资源直接进入领域平台，与之挂钩；综合基地按照既有的资源分类情况对外开放共享。

除了上述三个层次外，科技条件平台还把社会上零散开放科技条件资源的科研单位纳入平台体系。这些“散户”多是拿出一小部分科技条件资源参与到平台中，而且往往以实验室的名义进行，与所在科研院所、高校没有直接关系，不同于研发实验服务基地以整建制整合资源、整建制向社会开放共享的模式。

经过不断的探索和实践，目前北京科技条件平台已经形成系统化、网络化、规模化、专业化的科技资源开放服务体系，它的建设解决了长期以来存在的由于科技条件资源利用率低和大量的科技条件资源尚未实现社会化共享，中小企业缺乏相应的创新活动条件等难题，使区域乃至国家的技术创新能力得到有效的提升。仅 2009 年 1—10 月，就有 4000 多家企业享受到北京科技条件平台的研发实验服务，服务合同额达 4.3 亿元，有效地支撑了企业的技术研发。

四、北京中关村的产学研合作

（1）政府的积极支持。1984年5月10日，国务院出台了《关于进一步扩大国营工业企业自主权的暂行规定》，决定从生产经营计划、产品销售价格、机构设置等方面扩大企业的自主权。同年9月，中共十二届三中全会讨论并通过了《中共中央关于经济体制改革的决定》，提出了“发展社会主义商品经济”，唤醒了中国知识分子身上的创业激情。科技体制改革的深化、科研经费拨款制度的变革、民办科技企业的兴起等制度的改革，推进了中关村的发展。

（2）协调好各主体的功能定位。加强产学研合作，学研是基础，产业是关键。企业要发挥在产学研合作中的枢纽作用，在产学研项目的设定、重大关键技术的研发和系统技术集成以及科技成果的转化和应用方面，开展积极合作，提供优质服务。加强产学研合作，要充分发挥高校和科研院所的知识创新与科技创新作用。高校和科研院所具有学科齐全、优秀人才密集、学术积淀厚实和创新能力强的优势，在实施教育创新、科技创新过程中，在加强基础研究和源头创新的同时，进一步与北京的经济建设相结合，成为高新技术成果的转化源泉。加速了中关村高新技术产业的发展。

（3）设立产学研合作自主创新专项资金。北京市海淀区在《关于进一步促进高新技术产业发展的决定》中规定，海淀区每年将从不少于8亿元的政府专项资金中，安排相应的资金支持产学研合作。为推进产学研协同创新，海淀区管理委员会在与《关于进一步促进高新技术产业发展的决定》相配套的20条办法中，通过《海淀区促进产学研合作实施办法》（海行规发〔2009〕11号）、《海淀区鼓励企业提升自主创新能力实施办法》（海行规发〔2009〕5号），引导和支持创新要素向企业聚集，建设以企业为主体，以市场为导向，产学研相结合的技术创新体系。以上办法明确鼓励海淀区创新企业与高校和科研单位在风险共担、互惠互利、优势互补、共同发展的机制下开展的多种形式的合作；支持企业接受高校、科研单位的技术转让；支持企业委托高校、科研单位进行技术开发或与高校、科研单位合作进行技术开发；对产学研合作的高新技术产业化项目贷款给予贴息；支持企业与高校、科研单位共同创建产学研合作示范基地和研发中心；对企业与高校、科研单位合作项目列入国家重大科技攻关、重大产业化等项目给予支持；支持高校、科研单位的科技成果在海淀区产业化；支持产学研合作形成的产业技术联盟等。

第五节　深圳科技人力资源的开发与产学研合作

从 20 世纪 80 年代后期开始，深圳抓住世界科学技术日新月异、经济结构大调整的机遇，强化实施“科教兴市”战略，使高新技术产业在 90 年代突飞猛进。深圳相继推出了《关于进一步扶持高新技术产业发展的若干规定》（即“22 条”）等优惠、扶持性政策，以加快电子信息、生物技术和新材料产业的发展。市政府先后进行了五次重大的机构调整与改革，政府审批事项减少到三百零五项，并先后颁布了三百多个有关高新技术发展的地方性法规和规定。深圳市积极引导社会投资于高新技术企业，建立多种形式的高科技投入体系，举办一年一度国家级的高新科技成果交易会，为高新企业科技发展成果商品化、产业化牵线搭桥，提供国际舞台。深圳高新技术产业发展形成了自己的七大特点：一是主导产业和产品特色鲜明；二是拥有自主知识产权的产品撑起半壁江山；三是民营科技企业凸显竞争优势；四是企业已成为技术创新的主体；五是高新技术企业的运行机制不断创新；六是大学和科研院所创新资源得到有效聚集；七是风险投资和金融服务业日趋活跃。深圳已成为中国发展高新技术产业的一面旗帜。

深圳市高新技术产业经济经过近 30 年的发展，取得了较为显著的成绩。2008 年，深圳市高新技术产品产值 8714.26 亿元，占工业总产值的 54.9%，其中电子信息产业产值 7839.15 亿元，同比增长达 13%，占全国的 15%；高新技术产品出口 794 亿美元，比 2007 年增长 9.5%，占全市出口总值的 44.2%。深圳的研发机构、研发人员和研发经费 90% 以上在企业，初步走出一条科技与经济紧密结合的路子，极大地促进了高新技术的商品化、产业化。2008 年，深圳市高新技术产品产值中拥有自主知识产权的产值达到 5148.17 亿元，占全部高新技术产品产值比重达 59.1%。

科技的发展离不开人才，人才是科技进步和经济社会发展最重要的资源。这个“最重要的资源”必须得到正确、有效的开发，才能使得科技进步和经济社会发展。深圳市在全国人才资源开发工作方面起步较早，曾经创造过很多个第一，如第一个开辟常设的人才市场，第一个组织招聘团到国外招聘人才，第一个实行评聘分开的职称改革，第一个实行市场工资机制，等等，其方法新、路子对，取得了显著的效果和成功的经验。从整体上看，深圳市人才资源开发有以下几个方面的特点。

一、重视人才引进

（1）实行与内地联合方针。

特区建立之初，百业待兴。深圳市在引进外资的同时，提出“内联”的方针，与内地联人才、联技术、联资金、联资源。深圳特区在土地、税收、可享受和外商同等待遇等方面的优惠政策引得内地的人、财、物滚滚涌来。先是中央八个部委纷纷派企业进入深圳。在他们的带动下，广东、广西、江西等省、自治区的企业也积极投身于特区的建设热潮中。1983 年到 1985 年，联合项目遍及各行业，兴办企业 2000 多家。内地 150 多家施工企业和 90 多家设计单位共 13 万人参与了特区建设，承担了 90% 以上的基建施工任务。如今，他们中的大部分仍然活跃在特区的建设工地上。截至 1997 年，已有 40 个中央部（局），30 个省、市、自治区，60 多家大型企业在深建立了内联企业约 8000 家，设立办事机构 517 处，投资 150 多亿元。到目前为止，在深的内联企业已达上万家，实际投资约 200 亿元，占深圳经济总量的三分之一。如中航集团 20 世纪 80 年代初进入深圳时，还只是一家小公司，30 年来，该企业利用资金、技术、人才优势和特区的一系列优惠政策，大量吸引外资，先后成立了飞亚达、天虹、南光联合工贸公司等大型骨干企业，并形成了工业，进出口贸易，酒店、餐饮、百货，房地产，金融证券等五大支柱产业。1983 年，集团的总资产为 4860 万元，产值为 1981 万元，利润为 318 万元。到 1999 年底，企业总资产已达到 60 多亿元，产值为 31.998 亿元，利润为 2.03 亿元，员工达 8000 余人。内联企业不仅给深圳带来了资金和项目，更带来了一大批优秀人才和管理经验。到1990年底，内地调往深圳的常住人员为3.83万人，其中高级职称技术人员有3000多人，中级职称技术人员有12000人，加上暂住人口和难以估计的流动人口，内地在深人员超过80万。而现在，这一数字更是翻了几番。

（2）充分利用高校毕业生资源。

为了储备人才，深圳市积极接收应届高等院校毕业生。特区建立初期至1986年，由用人单位提出所需毕业生的专业和数量，经人事局接收后，再由用人单位挑选或分配到用人单位。这种方式改变了按指标下派的计划分配方式，是一种改革和尝试，但仍有“二次分配”的色彩。1986年至1988年，深圳市政府对深圳大学的首届毕业生分配方式进行改革，实行“不包分配，双向选择”的做法。这一改革措施对全国改革毕业生就业分配制度是一个很好的启发，起到了“试验”的作用。“双向选择”顺应市场经济的规律，受到广大用人单位的欢迎。因此，从1988年开始，深圳市全面实行“双向选择”。全国高等院校的毕业生持学校推荐函和成绩单到深圳选择用人单位；用人单位也主动到高校与毕业生见面挑选。应届毕业生写毕业论文或做毕业设计可以到深圳用人单位实习，加强沟通了解。为了调节人才供求结构，深圳列出了专业控制目录，根据需求的轻重缓急，分出紧缺、优先和控制三个档次，由深圳市人事局把好审查调控关。1997年，深圳市得到教育部的支持，每年接收市外1万名本科生、研究生。据统计，30年来，深圳市共接收市外院校毕业生10万多人，这一大批毕业生已成为深圳市人才队伍的一个重要来源，成为特区“二次创业”的生力军。

（3）吸引海外留学人员。

为了吸引海外留学人员来深圳创业和推动深圳高新技术产业的发展，1988年以来，深圳市政府制定了一系列的政策规定，对留学人员来深手续、再次出国（境）和科研、住房、职称评聘、配偶落户、子女入学等予以优惠和照顾。2000年又出台了颇具吸引力的新政策：来深创业的留学生，其课题经市科技局认定属于高新技术项目的，可获一次性科研经费10万～15万元；以技术成果入股的，经认定为高新技术成果的，作价金额可达注册资本的35%；从2000年起，市财政每年安排1000万元科技三项经费（包括新产品试制费、中间试验费和重大科技项目补助费）；每年安排2000万元，作为支持出国留学人员来深创业资金，用于建立、完善留学生创业园，对留学生的科技开发、技术成果转化和产业化给予支持，对留学生创办的高新技术企业给予贷款贴息；在市高新区和龙岗区各开设一个留学生创业园。截至2010年，深圳市留学生创业园共吸引来自美、英、法、加、日等20多个国家和地区的留学人员870人，其中博士326人，硕士496人。累计孵化企业634家，实现总产值57.4亿元，出口2.57亿美元，上缴税金3.65亿元，毕业企业374家。入园企业累计获得的专利456项，其中发明专利110项，软件著作权298项，被誉为“全国增长最快的创业园”。如1998年10月，留美博士薛敏、留美高工宋华夫、留英博士倪成和美国博士托尼到深圳创业，在市高新技术产业园区创办了深圳迈迪特仪器有限公司。他们仅用一年半时间，就先后研制成功1.5T超导磁共振系统和世界首创的0.35TC型磁共振系统，分别填补了国内和国际空白。再如由英国学成回国的博士沈浩，在留学期间主攻高档特种化工涂料等产品的开发，科研水平处于国际前列，技术成果曾获30多个国家的专利。1997年9月，他以其技术成果作价510万元，加盟成立的高新技术企业“深圳汉德胜化工涂料有限公司”，占公司股份的17%，他是当时我国技术入股份额最大的个人股东。

二、完善激励措施

（1）利用物质优惠政策吸引人才。

深圳经济特区成立之初，只有两名工程师，人才奇缺，严重地制约了特区建设事业的发展。特区政府制定了包括相对较高的收入、福利性住房、优先解决户口、家属子女随迁等优惠政策。在中央政府的支持下，深圳派出工作小组，先后到京、津、沪等十大城市选调、招聘人才。1982年至1985年，从全国招聘到4万~5万名专业技术人员和经营管理干部。深圳引进人才工作适应经济发展的需要，不断调整人才结构。经济特区建立初期，到处是一派轰轰烈烈的建设场面，当时引进的人才大多是最急需的建筑行业规划、建设方面的工程师。接着，为了适应工业发展的需要，又专门从大企业较集中的地区引进一批工业管理干部。随着深圳各项社会事业的发展，文教卫生类的人才也开始大量涌入深圳。1988 年，为了拓展海外市场，专门从北京、上海等地引进了 100 多名懂外语、懂外贸的专业人才。20 世纪 90 年代初期，金融证券业逐渐升温，深圳对这类人才敞开大门。近几年，深圳的高新技术产业迅猛发展，对高科技人才更是“一路绿灯”。截至 2010 年底，全市人才资源总量为 357 万人。其中，全职“两院”院士 7 人，中央“千人计划”人才 22 人，广东省领军人才 4 人，研发人员 29 万多人，海外留学回国人员近 4 万名，持外国专家证的外籍人才 15 万人次。

（2）建立保障体制。

深圳率先在全国实行劳动人事管理体制、工资制度、职称评聘制度等改革，打破了论资排辈用人机制和平均主义分配制度，形成公开、公平的竞争机制。特区的不断发展，企业急需数以百万计的劳动大军。1983 年 8 月，深圳市政府颁布了《深圳市劳动合同制暂行办法》，规定市属国营企事业单位、国家机关、团体及县以上集体所有制单位，新招工人一律实行合同制，建立企业与劳动者之间的双向选择的竞争机制。取消固定工资，实行不同形式的岗位工资。干部和工人的选聘制度也开始建立起来。1983 年 11 月，深圳市正式颁布了《深圳市社会劳动保险暂行规定》。社会保障制度的改革和完善，既为干部人事制度和劳动用工制度的改革提供了前提与后盾，也为市场经济的建立铺垫了安全的环境。对劳动力的态度是市场说了算，只要有本事，就有人开工资，没谁管你户口、档案、行政关系在哪儿。劳动市场的闸门被打开了，人们开始向这片热土涌来，寻求创业机会。据市劳动局统计，目前以暂住身份在深圳工作的外地劳动者达 280 万人，占全市人口的 70% 左右。他们是深圳劳动力市场的主体，是深圳经济建设的基础力量。

（3）“借脑开发”。

深圳市利用环境、机制、政策、资金等优势，与国内外高校、科研机构广泛合作。内容包括技术合作、人才培训、组建实体等。这种长期稳定的合作关系成为深圳企业持续发展的不竭动力。1983 年，深圳市与国家农业部合建了深圳市农业科学研究中心；1985 年，深圳市与中国科学院合建了科技工业院；1987 年，深圳市又与中国科学院联合建立综合开发研究院（深圳）分院；蛇口工业区与国内 40 所大学和科研单位联合兴办了中国高校科研联合中心。1996 年以后，深圳市与清华大学合办清华大学研究院；1998 年，与北京大学、香港科技大学合办深港产学研基地；1999 年，与哈尔滨工业大学合办国际创新技术学院。建立起以企业为主体，以全国高等院校、科研院所为依托的开发体系，走出科技与经济紧密结合的新路子。截至 1999 年底，全市共有 700 余家科研机构，其中 90% 建立在企业；全市科研技术人员 90% 集中在企业，科研经费 90% 来源于企业。1996 年，深圳市报经全国博士后管理委员会和国家人事部批准，成立企业博士后工作站。到 2001 年已有 13 家企业与清华大学、中国科技大学、浙江大学等高校联合招收博士后。目前进站人员 30 人，调入深圳工作的出站博士后 85 名。企业设立博士后流动站，实行产学研相结合，培养了实用型人才，提高了企业科技创新和市场竞争能力。全市科技成果转化率已达 80%，拥有自主产权的高新技术产品产值占全市高新技术产品产值的 46. 8%。

深圳市政府设立引进国外智力领导小组办公室，围绕特区经济发展的需要，在引进人才方面，不断探索新路子。近些年来，先后从英国、美国、日本、加拿大、法国、澳大利亚等 20 多个国家和地区引进专业人才 1500 多名、技术人员和管理人员 2000 多名。专业涉及电子、计算机、通讯信息、机械电力、城市规划与交通、教育、金融等，在引进海外人才的同时，还注重挖掘国外先进的项目，“以项目引人才”。这些年引进的项目有：科技工业园总公司电脑实验室引进香港专家的“全汉字编码与字型输出技术”及聚合系统项目，市公安局聘请美国专家设计的全市区域交通灯自动控制工作电脑软件项目，广东核电合营投资公司聘请了几万名法国专家参与大亚湾核电站的设计和建设，深圳开发科技公司引进美国和香港专家的温彻斯磁盘生产项目，四季青鲜花公司引进荷兰专家的鲜花生产项目，市农科中心引进的日本、中国台湾专家的果树改良项目，粤宝电子技术公司引进日本专家的精密模具制造技术，等等。

三、盘活市场机制

(1) 人才迁徙的经验——完善人力资源市场。

为了适应企业对人才与劳动力的需求，深圳大胆改革劳动用工制度，按照国际惯例建立企业自主决定用工制度，并相应地建立起劳动力市场和人才智力市场。1984 年 5 月，深圳市人事局成立人才服务公司，主要处理求职者来信、来访的接待、推荐等方面的工作。深圳人才市场的发育就从这里开始。1991 年，人才服务公司更名为人才服务中心。1991 年，市人事局提出设立常设型的人才智力市场，得到市委、市政府的批准。10 月 18 日，位于华强南路的人才市场正式成立，面积为 500 多平方米，每天可接待 30 家左右的招聘单位，求职者大约 1000 人次。1993 年 6 月底，人才市场搬到华强北路深纺大厦办公，该市场投资 1200 万元，面积为 2000 平方米。市场每天进场约 50 家单位和 1000 多人次的求职者。现在位于宝安北路的市人才大市场是 1997 年 1 月投入使用的。人才大市场建筑面积达 2 万多平方米，交流大厅为 6000 多平方米，是目前全国面积最大的人才市场，设备先进，功能齐全，设有远程会议中心信息系统和网络信息系统，可利用网络技术、卫星通信技术、多媒体技术等，全方位地将人才交流的各类信息在最短的时间内提供给供求双方。每天进场招聘的用人单位有 200 多家，其中有超过 40% 的用人单位来自海外、港澳地区、珠江三角洲周边城市。每天都有超过 6000 人次的求职者，最多时超过 1 万人进场应聘，其中 80% 来自全国各地。1999 年，与有形的人才大市场相匹配，隐形的网上人才市场——“深圳人才网”——开通。在这里，调干指标全部投放市场，人事代理设在市场，考试培训安排在市场。这里窗口式办公，一条龙服务，是名副其实的人才市场化、服务社会化。人才代理提供的服务是全方位的，它不仅提供办理人才调动、大学毕业生接收、干部档案管理、职称晋升、户籍挂靠等常规服务，同时还站在企业的角度，主动为他们进行人事策划，提供岗位设定、工作分析、人员测评等深层服务。在很短的时间内，就有 1000 多家企业和 1 万多人与大市场签订了代理协议。据不完全统计，在深圳市每年引进的 2 万名干部人才中，有 70% 以上是通过人才大市场实现的，其中应届大学毕业生、军转干部100%通过大市场进入深圳。近十年来已累计为100万家次用人单位提供了专业的人才寻聘服务，提供工作机会2500多万斤，为超过3000万人次求职者创造圆梦机遇，人才匹配率保持35%以上。

为了适应企业领导体制改革，深圳成立了高级经理人才评价推荐中心。通过组建高级经理人才市场，扩大了由市场来选择企业领导人的范围，初步形成了企业经理人员的市场化选择和配置机制，有利于造就一批优秀的企业家。此外，全市还拥有区级人才大市场、劳动力市场12个，社会办职业介绍中心60多个，初步形成了人才交流配置的市场化体系。

（2）灵活的用人机制——柔性人才政策的出台。

在深圳的人才群体中，有大批柔性引进的人才。所谓人才柔性流动，就是关系不转、户口不迁、双向选择、自由流动的人才流动机制。深圳的柔性引进人才方式主要有："招聘引进"，即用人单位到人才市场上公开招聘引进；"派遣引进"，即国内、外企业来深圳创办分公司，并派遣主要经营管理骨干和技术骨干来深圳工作；"兼职引进"，即一些高层次人才应深圳用人单位的聘请，兼任用人单位的职务或来深圳开展技术交流、合作开发、咨询服务等；"创业引进"，即人才带资金、项目来深圳创业；"建站引进"，即在高新技术企业建立博士后工作站，使企业和科研单位发挥各自的优势，促进"产学研"一体化；"就地引才"，华为、康佳、中兴通讯等企业在内地都设有研发机构，吸纳数千名当地人才，充分利用当地人才和技术优势，为公司的迅速发展和技术研发注入了活力。

这种灵活的人才流动机制对深圳的社会经济发展起到了强大的助推器作用，特别是对高新技术产业来说，更是如虎添翼。人才柔性流动机制盘活了社会人才资源。据统计，截至2000年，拥有深圳暂住户口、以柔性流动方式来深圳工作的各路人才（中专以上学历、初级以上职称的人员）已达36万余人，占深圳人才总存量的一半以上，其中硕士以上学历者6000余人，拥有高级技术职称者4000余人。

四、加强教育培训

深圳历届领导都高度重视人才培养工作，坚持“教育与经济同步发展”的方针，根据特区特点，发挥特区优势，面向特区需要，着眼特区未来，全面规划，统筹安排，建立和健全培训机构，配备专职干部，通过各种途径开展人才培训工作。

（1）从基础教育抓起，逐步提高本地人才数量和质量。

1979 年，原宝安县仅有幼儿园 19 所，小学 226 所，中学 24 所，教师进修学校 1 所，教师 2388 人，各类在校学生 6.53 万人。经济特区成立后，教育事业高速发展，实力进入全国先进行列。2009 年，全市有各级各类学校 1626 所，在校学生 122 万人。其中，普通高等学校 8 所，在校学生 6.70 万人；普通中专 13 所，在校学生为 2.86 万人；普通中学 285 所，在校生为 31.60 万人；小学 346 所，在校生为 58.95 万人；幼儿园 974 所，在园幼儿为 22.12 万人。全市有各级各类学校专职教师 7.33 万人，基本达到“小教大专化，中教本科化”。2009 年，全市预算内教育经费拨款 136.63 亿元，占当年地方财政一般预算收入的 15.51%。2009 年，全市普及高中教育，户籍人口适龄青年高等教育毛入学率达到 42.48%，应届高中毕业生升学率为 80% 以上。其中本科录取率达 53%，比上年增长 12%。

（2）成人教育事业成绩显著。

深圳从建特区伊始，成人继续教育就同时起步，逐渐形成人才培训网络，加大培训的力度，做到同步发展。30 年来，为提高特区建设者的素质，推动深圳经济的发展作出了积极的贡献。现在深圳共有 246 家注册的面向社会招生的成人培训机构，此外还有 300 家左右的内部培训机构。1980—1999 年，深圳成人培训机构共培训人数达 400 万人次。深圳正在形成以职业技能为重点、学历教育与非学历教育并重的局面。深圳职业培训需求是由劳动力自身的特点及社会发展决定的。首先，深圳劳动力以外来劳务工人员为主，占劳动力总量的 70%，这些员工队伍的文化素质、技术素质亟待提高。其次，目前在深圳的大学生失业现象越来越明显。在全市的城镇登记失业人员中，大、中专以上学历人员占失业人员总数的 16.1%，失业原因就是有学历没能力，这些失业的大学生也急需接受职业技能培训，以提高技术素质。多数深圳人已经意识到，在激烈的人才竞争中，一次性教育难以适应科技、经济的高速发展，受教育越多越具备竞争的优势。可以说，是市场竞争激活了成人教育市场。各种讲座、补习班可让不同层次的求学者“对号入座”。高学历、高收入的白领人热衷MBA，本科毕业生忙着进修双学位、硕士学位，普通的工薪族走进电脑、外语培训班。据统计，深圳每年有超过90万人次的成年人接受各种培训，占深圳劳动力总人数的35%。30年来，深圳先后有20多万人通过自学考试取得了电大、函大等自学考试文凭。不少职工通过自学成为各行各业的技术人才、革新能手，全市职工通过自学创造出重大科技成果300多项。同时，各单位也出台各种措施引导职工读书与自学。如深圳石化化纤有限公司为鼓励职工购书、读书，投资数十万元建成两个藏书9万余册的图书室，并对自学成才者量才提拔。读书使全公司综合素质不断提高，促进了企业的快速发展，1996—2000年，产值、销售额和利润分别增长12.8倍、21倍和16.7倍。

（3）吸引国内、外名牌大学在深圳办教育。

深圳市有目的、有计划地根据本地企业的产业结构和市场情况，吸引北京大学、清华大学、上海交通大学等国内知名大学在深圳开办在职硕士、博士研究生班，每年的名额都供不应求，仅2000年就招考了3000多名。从1998年开始运作虚拟大学，市政府安排2千万元资助，1999年9月，在深圳高新技术工业园区内建成虚拟大学。清华大学、南开大学、中国科技大学等高校汇聚一园。到2001年，已有34所知名大学和17所国际网络成员院校落户，做到“深圳无名校，名校在深圳”。1999年底，各校在深圳培养硕士生、博士生已达2800人。1999年，运作成立清华大学研究生院，建立大学城，财政安排1亿元资金，在全国的本科毕业生中招收硕士生、博士生，深圳提供奖学金。2000年10月15日，深圳市政府分别与清华大学、北京大学签署合作办学意向书，清华大学深圳研究生院、北京大学深圳校区首批进驻深圳大学城。大学城规划用地10平方千米，第一期规划用地面积3.24平方千米，采取一次性规划，分期建设的方法。大学城在2000年至2005年间重点引进2～3所大学，在校生达1万人，研究生比例达70%。

（4）有组织地选送专业技术骨干出国培训。

从1996年开始，深圳市连续5年选派5批共206名优秀年轻干部到国（境）外培训。他们带着项目或技术、科研课题等赴港或出国，考察、进修、合作科研、攻读学位等，扩展了视野，有力地推动了科技的进步。通过培训学习，借鉴国际先进经验，多角度、多层次地进行研究，从而达到培养出一批具有国际思维、了解国际惯例运作、了解国际交往的优秀人才。进修干部相继完成近200个研究专题，这些研究成果大部分已转化为改进工作的具体方案和措施，在工作中逐步得到运用，在一定程度上推动了深圳国际性城市建设的进程。

五、深圳的产学研合作

（1）实行产学研一体化起步早。自20世纪90年代中期以来，深圳与清华大学、北京大学和香港科技大学等合作建立研究院与研究生院，与俄罗斯国家科学院、法国里昂中央理工大学等国内外40多所著名大学合作建立虚拟大学园，近50所国内外知名高校和科研机构在深圳成立产学研基地，设立国家级重点实验室和工程技术中心近80所、博士后工作站39个、孵化科技企业2200多家。企业与高校建立互惠互利的协作关系，通过成果转让、委托开发、联合开发、共建技术开发机构和科技型企业，开展多种形式的产学研合作。产学研一体化由初期的企业与高校、科研机构的点对点分散式合作，逐步扩展到政府、企业、大学和科研院所的全方位合作，标志着产学研合作网已经具有相当规模和较高水平。

（2）初步形成了以市场为导向，以高校和科研院所为依托，以产业化为目的，以企业为主体的自主创新体系。一是形成了“四个90%以上”的格局，即90%以上研发机构设立在企业，90%以上研发人员集中在企业，90%以上研发资金来源于企业，90%以上职务发明专利出自企业。二是自主创新型企业群和龙头企业迅速崛起。全市拥有高新技术产品开发企业3万多家，具有自主知识产权的高新技术产品已占“半壁江山”。产值过亿元的高新技术企业有200多家，华为、中兴、中集等已经成为跨国经营的大型企业，腾讯、赛百诺、朗科、微芯生物等企业成为行业龙头。三是一批本土创新企业成为国际化的开路先锋，海外市场销售增长迅猛。2009 年华为、中兴海外市场年销售额达 1200 亿元，并设立境外研究所 9 个，把产学研一体化触角延伸到了全世界，跻身国际主流通信设备商行列。四是聚集了一大批高素质的创新型人才，涌现出了一批创新型的企业家。产学研一体化带动了深圳高新技术产业持续快速增长，自主创新体系初步建成。

第六节　陕西省产学研合作创新模式

产学研合作是指以企业、高等院校和科研院所为合作主体，在政府、中介机构、风险投资基金等相关主体的参与下，通过建立各种产学研合作组织，共同从事把科学技术转化为现实生产力的活动，进而推进科技的创新与发展，并在人才培养、社会服务、产业发展、经济增长、社会进步等方面产生积极的影响。

在国家大力推进产学研结合，建设以企业为主体、市场为导向、产学研结合的技术创新体系的背景下，陕西省为了有效地推进产学研合作，增强区域自主创新能力，建设创新型陕西，凭借其丰富的科教资源优势，探索出具有地方特色的产学研合作模式，取得了良好的效果。

一、联合办学

联合办学是指高等院校、科研院所、企业联合办学，共同培养高层次的创新人才。例如，西安交通大学、西北工业大学、西北大学等院校与西北有色金属研究院等科研院所、企业联合培养博士研究生和硕士研究生；2004 年，西安建筑科技大学与首钢集团签署全面合作协议，双方在人才培养、毕业生就业等方面展开合作。

二、产业合作

高等院校、科研院所通过技术入股、参股或共同投资的方式，与企业共同创办科技企业。例如，陕西石油化工研究设计院利用自主技术，与山东华阳集团共同投资成立了泰安华秦有限公司，年收入达上千万元。

同时，高等院校或科研院所还进一步把能直接应用于企业的成熟技术一次性转让给企业，既使高等院校或科研院所获得了发展资金，又促进了企业的技术升级。例如，西安交通大学研究的快速成型制造新技术，通过技术转让已被应用于咸阳偏转线圈集团公司、陕西鼓风机厂等企业的新产品开发中，使产品开发周期和费用降低了50%~80%。

三、共建研发平台

共建研发基地是指企业与高等院校、科研院所共同创办技术研究中心，共建重点实验室、科研教学基地。例如，2005年，由陕西省政府发起，分别依托西安交通大学、西北工业大学，并联合100多家企业、科研院所，注入上亿元资金，成立了陕西工业技术研究院和西北工业技术研究院，为陕西省高新技术和装备制造业、国防工业加快先进科技成果产业化，搭建了产学研结合的平台。

高校、科研院所同时还与高新区共同创办大学科技园区，转化高新技术成果，孵化高新技术企业，培养技术和管理人才，发展高科技产业。例如，西安高新技术产业开发区与西安交通大学共同建设的西安交大科技园区已入驻企业100多家、研发机构8家，开发新产品80余项，获准专利50余项，2005年技工贸收入达10亿元。

同时，高等院校、科研院所与企业围绕科研生产的关键技术问题和新产品的研究试制，集中优势技术力量，联合攻关。例如，陕西鼓风机厂与西安交通大学、西北工业大学等高等院校合作，对引进的国外先进技术进行消化吸收和创新，使生产的新产品当年实现销售收入2.78亿元。

四、产学研沙龙

高等院校、科研院所与企业围绕某一方面的问题，以沙龙的方式进行沟通交流，促进产学研的交流合作。例如，2005年5月，由陕西省工交办、陕西省石化行业办、陕西省产学研联合会、陕西省石化科技开发协会联合举办的第二届陕西省产学研沙龙，围绕石化行业产学研合作，与省内24家石化行业骨干企业和民营企业，以及西安交通大学、西北工业大学、西安近代化学所、西北化工院等十余家科研单位的专家进行了交流洽谈和项目对接，取得了良好的效果。

第七节 长三角区域科技资源共享平台建设

从全国情况来看，长三角地区是我国科技资源最丰富、创新能力相对较强的区域之一。这一地区人才荟萃，高等院校与科研院所云集，并且拥有良好的人文积淀、雄厚的智力资源和科研实力，科技水平处于全国领先地位，是我国重要的新技术研发中心、创新中心、扩散中心、新产品的制造基地和重要的高科技创业中心。为加强长三角区域科技资源开发效率，江苏、浙江、上海三地联动、共同出招，江苏派出3400多个学科团队实施科技服务社会“校企联盟”行动，其中1961个团队与3400多家省内企业对接，建立1961个“校企联盟”；浙江发起“科技帮扶促调活动”，组织高校院所上万名技术人员深入上万家企业；上海实施“助企业、促创新、渡难关”的十大举措，研发公共服务平台向1万家本地企业赠送多种形式的“创新礼包”，并给予专业技术服务补贴。目前，长三角地区已经逐步建立起了具有地区特色的科技资源共享平台。

一、大型科学仪器协作共用网

共建共享是长三角区域创新体系的重要特色。三地共同建立“长三角大型科学仪器协作共用网”“长三角科技文献资源共享服务平台”等公共科技基础设施，将长三角区域的科技资源紧密地结合在一起。长三角区域大型科学仪器网于2007年6月21日正式开通，“长三角大仪网”由上海市科委牵头，同时毗邻长三角地区的安徽省也积极参与、融入到长三角区域的科技资源共享中来。

截至2009年初，通过“长三角大仪网”可查询区域内504家单位的3954台（套）科学仪器设施，比2007年增长了17.5%；其中，价值在50万元以上的大型科学仪器设施达2135台（套），比2007年增长了57.3%；据不完全统计，仅2008年，跨区域的仪器设施服务量就超过1.3万次。2009年，“长三角大仪网”预计科学仪器设施数量达到5200台（套）以上。同时，“长三角大仪网”开通了创新服务热线（800－820－5114），形成了专家咨询、服务配送等直接面向用户需求的综合服务能力。服务功能覆盖苏、浙、皖，强化服务意识，促成仪器拥有者和仪器使用者的互动与对接。

中国民族汽车业的领跑者——奇瑞汽车——为了解决产品的电磁兼容测试问题，找到了上海市计量测试技术研究院。奇瑞汽车利用上海计量测试技术研究院里专业的EMC实验室完成了测试，为企业在最小的资金投入下保证了产品的质量。虽然奇瑞的总部在安徽芜湖，计量测试技术研究院在上海，之前也从未有过实质性的合作经验，但通过长三角科技资源共享服务平台的沟通、联系，促成了双方的合作，节约了奇瑞汽车去海外测试或者自建实验室所需花费的高额成本。

二、科技资源共享平台文献系统

长三角科技资源共享平台文献系统是在整合长三角三省一市现有科技文献资源的基础上，建立统一的数据标准和接口，通过综合集成，以科技型中小企业、转制的中小企业科研单位、新建的科研院所、高校与核心科研院所所在校园网外从事科研活动的人员为主要用户群，建设三省一市科技文献共享服务网络，提供馆藏联合目录检索、全文检索、原文远程传递、虚拟咨询等服务，构建若干个区域服务中心，建立综合的社会化服务体系，为科技产业化环境建设提供支撑。

长三角科技文献系统建设自2007年底，由上海牵头，其他三省科技文献管理部门密切配合，协调推进，至2009年4月，已经完成系统建设工作并可对外开通运行，已于2009年5月17日正式开通。新建成的长三角科技文献系统具有面向企业、区域联动；整合资源、信息共享；统一接口、规范标准；强化服务、加强推广等四方面的特点。同时，系统能够提供包括文献跨库检索下载、原文传递、特色数据库检索、馆藏目录数据库检索、服务咨询等全方位、跨区域文献服务。

长三角科技文献系统共享的一个重要提供方单位——中国科学院上海生命科学信息中心生命科学图书馆文献服务部——杨椒主任

表示，有着55年历史的中国科学院上海生命科学研究院，在生物、医学、化学的中外文献方面，有着深厚的积累，与长三角科技资源共享服务平台形成了良好的服务关系。在中国科学院上海生命科学研究院信息中心看来，长三角科技资源共享服务平台能够很好地推出，是因为上海研发公共服务平台五年的发展和资源的逐步推广，已经具备了很好的实验基础。

就中国科学院上海生命科学研究院信息中心而言，平台的用户绝大多数来自中小企业。据统计，有25%的需求来自企业，23%来自新建的研发机构。这些企业与机构的特点是人员层次高、需求量大，但是缺乏资源，渴望得到国内、外科技发展方面的信息来促进机构和企业的发展。通过长三角科技资源共享服务平台确实可以解决他们的需求。从去年中国科学院上海生命科学信息中心开始的平台试运行起，用户对专业文献的需求可以在24小时内发送到他们的桌面，如果本地未能查到企业所需的信息，还可通过中国科学院系统将全院的资源调集起来服务于长三角地区的企业。

长三角科技资源共享平台的科技资源并不只限于长三角地区，如果仪器资源在长三角地区无法找到，“长三角大仪网”有一个专家咨询系统，对全国的大型重要设备都有一定程度的专业了解。企业的咨询首先会通过呼叫中心对普通问题提供查询和问答，如果是呼叫中心无法找到与解决的共享问题，或者一些用户无法找到的疑难杂症，长三角科技资源共享平台就会动用专家来对仪器设备进行全国范围内的搜索。

2011年，苏、浙、沪三地将加快实施一批科技专项，对生物医药、集成电路和软件产业、食品安全与标准化技术研究等重点领域的企业合作项目给予支持。同时，进一步完善科学仪器共享服务系统建设，拓展科技文献共享服务系统功能，启动技术转移等子系统建设，推进建立区域产业创新支撑平台。

第八节　西安统筹科技资源改革示范基地建设

统筹科技资源改革示范基地建设是国家赋予关中-天水经济区的战略任务。西安作为基地建设的中心，担负着重要的历史使命。

加强科技体制创新和科技资源统筹，进一步解放科技生产力，是实现西安经济发展向依靠科技进步和创新驱动转变的必然选择，是加快西安建设现代国际化大都市的重要支撑，是引领和带动区域经济社会发展的根本动力。

一、现实基础

（1）科技资源是西安经济社会发展的战略资源。西安是我国著名的科技大市，具有丰富的科技人力、科技物力、科技财力、科技信息和科技组织资源。市委、市政府始终把科技创新作为城市发展的重要战略，举全市之力持续推进“两区两基地”建设。先后出台《关于增强自主创新能力建设创新型城市的决定》《西安市中长期科学技术发展规划纲要》等政策文件，逐步加大财政科技投入，不断推进体制、机制创新，有力地促进了科技资源统筹和科技产业发展。西安地区高等院校、科研院所和军工单位，主动融入地方经济建设主战场，日益成为经济社会发展的重要支撑力量。《关中–天水经济区发展规划》的颁布实施，使西安迎来了新的历史发展机遇。推进科技体制创新，深层次、大范围、高效率地统筹整合科技资源，必将进一步激发科技资源的创新活力，增强科技对产业的支撑能力，培育和发展战略性新兴产业；必将进一步加快经济结构转型，促进发展方式转变，引领西安经济社会走上创新驱动的发展轨道；必将进一步提升城市创新文化，鼓足城市发展动力，增强西安发展的核心竞争力，辐射带动关中–天水经济区又好又快地发展。

（2）“两区两基地”建设是西安统筹科技资源的成功实践。西安高新技术产业开发区、西安经济技术开发区、西安国家航空产业基地和西安国家民用航天产业基地，经过多年的创新实践，走出了一条市场配置、创新引领、产业吸引、园区承载的统筹科技资源的成功道路。西安高新区通过体制机制创新，迸发了科技资源的创新活力，成为国家重点建设的六个世界一流科技园区之一。西安经济技术开发区以产业聚集科技资源，以科技资源促进产业发展，成为新材料、新能源和先进制造业的重要基地。航空基地和民用航天基地以机制创新破解军工体制的束缚，促进重大军工项目的转化实施，成为重要的军民融合产业基地。“两区两基地”统筹科技资源的成功实践产生了巨大的辐射带动效应。一大批科技人才走出高校院所，投身创新创业主战场，成为经济社会发展的先锋队和生力军；一大批重点科技项目的组织实施，为五大主导产业提供了关键技术支撑，提升了产业发展的核心竞争力；一大批科技型企业生机勃发，初步形成了集群化发展的态势，成为西安新的经济增长极；一大批科技服务组织充满活力，成为促进科技经济融合发展的支撑力量。

（3）体制机制创新是西安统筹科技资源改革示范基地建设的核心任务。西安统筹科技资源已经进行了近 20 年的探索实践，但仍然存在着不少尚待解决的问题。一是科技资源布局的“二元结构”，70% 的人才设备集中在中省和军工单位，固有的体制壁垒使资源条块分割，互通共享不够；二是科技资源属性的“头重脚轻”，60% 以上的科技创新活动集中在高校院所，重研究轻应用，科技与产业结合不紧；三是科技资源的承接转化能力较弱，科技投融资体系不够强大，企业技术扩张资金乏力，很多科技成果游离于市场和产业之外；四是科技组织资源结构尚不完备，中介服务体系功能不够健全，不能组织科技资源的有效对接。

以上种种问题，归根结底是体制、机制的问题，是改革创新的问题，是市场优化的问题。因此，统筹科技资源改革示范基地建设，必须构建市场配置的合作机制，突破现有体制的条块分割，实现科技资源的互通共享；必须创新产学研合作模式，促进技术向企业转移，加强科技资源对产业的有效支撑；必须建立多元化的科技投融资体制，推动科技资源与金融资源融合，增强产业对科技资源的扩张需求；必须完善科技中介组织的链接机制，健全科技服务网络，增强科技资源的合力效应。

二、总体思路

（1）指导思想。

以政府组织为引导，以改革创新为动力，以建设西安国家创新型城市为目标，按照市场机制促进体制创新、发展需求促进资源统筹的思路，紧紧抓住高校院所技术转移和科技资源市场平台建设两个重点，加快推进科技融资体系创新、“两区两基地”先行示范、战略性新兴产业培育发展三大任务，努力在政府搭桥促进要素流动、军民融合促进产业升级、中介网络促进供需互通、产业联盟促进资源对接四个方面取得新的突破。进一步提升西安的自主创新能力，营造全国一流的科技创新市场环境和城市文化，使科技成为经济社会发展的动力之源，为关中-天水经济区统筹科技资源改革示范基地建设探索新的道路。

（2）基本原则。

第一，政府推动，市场主导。强化政府推动，发挥市场配置资源的基础性作用，综合运用科技政策、产业政策和财税政策，兼顾各方主体的核心利益，实现科技资源统筹的互利共赢。

第二，发展导向，集成整合。通过重点项目实施和产业壮大发展，化解体制约束，促进科技资源统筹，加强产学研合作，实现创新链与产业链的整合、财政投入与商业投资的整合。

第三，突出重点，分步推进。找准要害问题，分清轻重缓急，确立阶段目标，逐步推进实施，近期工作与长远目标相衔接，重点突破与全面建设相结合。

第四，立足自身，借势突破。立足自身资源和能力，积极探索科技创新改革的模式和路径。充分利用统筹科技资源改革示范基地建设的重大机遇，争取国家和省的政策与项目支持。

（3）实现路径。

第一，资源市场搭台。以科技资源大市场建设为核心，构建资源共享共用的服务平台，促进资源统筹利用。

第二，产业联盟引领。以产业技术联盟为纽带，引导科技资源与产业资源对接，以科技资源增强产业活力，以产业扩张再造资源需求。

第三，组织网络链接。建立纵向会商、横向协作的组织机制，健全科技中介服务体系，完善政府、高校、研究所、产业基地、企业的有效沟通和组织互联。

第四，重大项目集聚。以重大科技项目为载体，以政府科技计划为杠杆，以产学研合作为基本组织形式，促进科技资源集成整合。

第五，科技园区承载。以“两区两基地”为依托，规划建设战略性新兴产业园区，以产业园区集聚科技资源，以资源集聚促进产业发展。

（4）阶段与目标。

《关中-天水经济区发展规划》提出，到2020年基本建成以西安为中心的统筹科技资源改革示范基地。西安统筹科技资源工作必须贯彻国家战略，按照中心定位、改革示范的总体要求，自加压力，迎难而上，整体设计，分段实施，突出重点，先行先试。总体上分三个阶段推进，每个阶段确立重点任务和发展目标。以西安的先行先试带动基地建设，以西安的改革示范带动区域发展。

第一，先行先试阶段。到2012年底，确立西安统筹科技资源改革示范基地建设工作的战略框架，建立统筹科技资源的新机制，出台相关的配套政策，搭建资源共享平台，有序组织先行先试，有效推进重点工作，探索总结统筹模式。西安市R&D/GDP的比重达到4.5%，专利申请量累计达到6万件，实现技术市场交易额70亿元，高新技术产业产值达到1800亿元。

第二，加快推进阶段。到2015年，统筹科技资源的试点示范效果逐步显现，若干重点方面体制、机制实现新的突破，新兴产业园区规划布局初步形成，"两区两基地"统筹科技资源的功能作用大幅提升，科技对主导产业的支撑作用更加显著。科技创新成为西安城市价值兑现的重要动力，成为聚集国内、外创新要素和招商引资的第一品牌。西安科技创新能力位居全国领先地位，科技进步对经济增长的贡献率达到60%，成为全国一流的科技创新辐射中心、国家重要的科技产业聚集中心。

第三，提升发展阶段。到2020年，统筹科技资源的服务体系更加健全，体制、机制更加完善，经济社会发展走上创新驱动的道路，圆满地完成国家统筹科技资源改革示范基地建设的各项任务，西安成为全国一流、具有国际影响力的创新型城市。

三、主要任务

（1）建设西安科技资源大市场，完善科技中介服务体系。

第一，整合成立西安科技服务中心。按照政府投入为引导，多元投入为主体，市场化运营、网络化服务的模式，整合市属现有科技服务机构，成立西安科技服务中心。依托西安地区高等院校、科研院所、行业集团的科技人才、信息、设备和技术资源，建设西安科技资源大市场。通过开设互联网站、800服务热线等服务，实现信息互通、资源共享、技术交易、咨询服务和政策落实等一站式服务。制定和落实资源供需交易财税补贴优惠政策，实现科技资源集成开放共享和供需双赢。在科技资源大市场前期筹建中，连续3～5年给予财政专项经费支持，逐步拓展和完善中心业务职能，成为陕西省科技资源中心的重要组成部分，积极打造区域科技资源服务枢纽。到2012年，科技资源大市场加盟企事业单位超过300家，注册用户超过1万家，对外服务量累计超过30万次，实现技术市场交易额70亿元。

第二，完善科技中介组织网络。按照政府资助、社会联建、开放共享、有偿使用的原则，采取政府购买服务、财政后补助等方式，建立和完善科技资源组织网络体系。建设科技中介服务平台。大力培育创业服务、企业策划、管理咨询等科技中介服务机构，引导建立和发展专业科技中介行业协会，围绕企业规范发展和融资扩张的需要，提供市场开发、策划咨询、顾问辅导等专业化服务。建设科技条件共享平台。依托陕西大型科研仪器设备共享网络，建立大型科学仪器设备、产品测试检验、科技文献资源共享服务网络，建立和完善企业、科研院所供需信息公告机制，促进资源互通对接。建设科技企业孵化平台。积极落实国家扶持科技企业孵化器建设的优惠政策，推进以高新区创业研发园为龙头的企业孵化器和加速器朝着专业化、多元化方向发展。建设农业科技服务平台。依托农业科技示范园、农业科技特派员、农业科技专家大院等农业科技资源，实施统筹城乡科技促进行动，大力推进农业信息化网络及农技110等服务体系建设，提升农业科技服务水平。到2015年，科技资源组织网络体系覆盖重点行业领域，各类科技中介服务机构达到1000家，实现企业孵化2000家。

第三，开展区域科技交流合作。每年组织关中–天水经济区科技资源与产业需求对接会，促进科技人才、科技成果、科技项目的交流合作。充分发挥西安欧亚经济论坛永久会址的集聚辐射作用，积极打造欧亚经济论坛科技品牌，每两年举办一次技术转移合作交易大会，吸引国际科技资源向西安流动和集聚。到2015年，使西安成为国际科技交流交易的重要城市，实现年签约技术交易合同1000份以上，年度签约资金1亿元以上。

（2）建立地方政府与高校院所统筹改革新机制，促进人才资源为企业服务。

第一，建立高校院所统筹改革战略联盟。选择西安交通大学等重点高校、科研院所，与西安市人民政府建立统筹科技资源战略联盟。建立政府部门与西安交通大学教育科学研究院等科研院的深度合作关系。地方政府与高校院所在重大项目培育、人才资源流动、设备资源共享、评价奖励机制等方面签署双赢互利的战略框架协议，探索和创新统筹科技资源的新体制、新机制。加强政府在规划、土地、工商和税收优惠等方面的服务，为高校和科研院所服务地方提供发展空间。到2012年，与高校、科研院所建立统筹科技资源战略联盟5~8家。

第二，引导高校院所统筹科技资源改革。加强高等院校人才激励、仪器设备共享使用、科研创新利益分配、科技成果考评奖励等机制创新，逐步建立科技人才自由流动和科技人才资本产权制度。在校地战略联盟框架协议下，加大政府资金和项目引导力度，支持高校院所联合企业共建国家级重点实验室和工程技术中心，对骨干企业和高校院所联合申报的重大科技项目给予50万~100万元的资金补助。积极推进应用类科研院所股份制改革，建立和完善现代企业管理制度，主动融入地方经济主战场。积极推进工业技术研究院改革，探索与开发区和产业基地的合作共建机制，逐步建立工研院与产业园区（基地）的战略联盟，解决产业发展的重大关键技术，实现重大项目的集成创新。

第三，实施“双千人才”引导行动。依托西安重点高校、科研院所科技人才资源，以科技计划为抓手，促进人才资源向企业流动，为产业快速发展提供人才保障。实施“千名科技人员创业行动”。以院士创业计划和青年人才创业计划为支撑，择优扶持科技人才创业项目，市财政每年投入1000万元，各区（县）和开发区、产业基地投入配套资金，支持科研人员以知识、技术、成果、专利、管理等要素投入创办企业。启动“千名科技特派员企业创新行动”。以政府资助为引导，企业投入为主体，支持科技特派员企业创新行动，鼓励和引导科技人员通过企业兼职、定期服务、技术开发、项目引进、科技咨询等方式参与企业技术创新，形成有效集成的联合研发与成果转化机制，帮助企业解决发展中的技术难题。

第四，大力培育和吸引创新型人才。根据新兴产业领域的人才需求，依托高等院校、科研院所，采取企业与政府联合设立产业人才培养基金和补助资金的方式，共同实施企业家培训计划，每年由高校院所择优培育一批企业家领军人才、产业创新人才和高端管理人才。发挥政府引导和组织协调的作用，选择一批高新技术企业建立大学生实习基地，每年组织一次大学生与企业实习对接活动，为企业输送创新人才，促进大学生就业和创业。在国家引进海外高层次人才“千人计划”框架内，实施科技创新人才引进计划，到2012年，引进100名海内、外科技创新领军人才。

（3）推进企业市场融资，建立多层次科技投融资体系。

第一，建立科技投融资协调机制。政府科技、财政、金融管理等相关部门要组织协调投资机构、金融机构和科技型企业，建立科技投融资协调机制。积极争取国家相关部委和陕西省的支持，构建西安科技企业多层次融资服务体系。探索设立西安统筹科技资源引导基金，引导和吸引金融资本、社会资金向新兴产业和科技企业集聚。完善和落实融资上市扶持政策，对科技企业上市辅导、保荐服务、咨询策划等给予补助和奖励。

第二，推动科技企业上市融资。实施科技企业上市融资推进计划。市高新技术产业发展专项重点支持一批科技型企业在中小企业板、创业板上市融资，大力推进高成长型科技企业的股份制改造和规模发展。发挥西安已上市企业的融资扩张作用，通过上市公司资产重组并购科技型中小企业等方式，加快科技项目资源和科技产业资源的发展。积极争取国家“新三板”在西安试点，大力发展场外交易市场，培育一批创业板和中小企业板后备企业。拓展西安技术产权交易中心业务职能，开展非上市企业产权交易，为科技企业、科技项目提供技术产权交易和股权融资服务。到2015年，力争实现10～15家高新技术企业在中小企业板、创业板成功上市。

第三，加快发展创业风险投资。采取政府基金引导、项目保荐服务、财税政策支持、业绩评估奖励等政策措施，广泛地吸引和集聚国内、外知名风险投资机构加盟西安创业投资。促进西安创业投资联盟发展，制定和落实优惠政策，引导和吸引风险投资机构、创业投资机构、私募股权基金、民间资本、金融、外资向科技企业投资。采取所得税减免等优惠政策，吸引有限合伙机构投资，积极承接科技型中小企业发展的风险和收益。每年定期组织科技企业与金融、投资机构对接活动，帮助科技型中小企业寻求更多的投资机会。到2012年，集聚50家以上国内、外风险投资企业，投资规模达到200亿元以上。

第四，创新科技金融合作模式。探索设立政府引导资金，由政府科技管理部门推荐、银行独立审贷，建立科技型中小企业贷款风险分担机制。鼓励商业银行不断创新投资方式、信贷产品和金融服务，逐步开展科技保险试点，争取“科技型中小企业集合信贷试点”，引导金融机构提供面向科技型中小企业联保贷款。建立政府部分出资的科技型中小企业信用再担保机构，为中小企业信用担保机构提供增信和分险服务。建立政策性中小企业信用担保机构代偿损失补偿机制，积极为中小企业科技成果转化、高新技术产业化项目投资提供支撑。到2015年，实现科技企业年贷款额100亿元，开展科技企业融资服务1000家。

（4）构建产业技术联盟，实施重大科技产业项目。

第一，加强产学研战略合作。建立政府部门产学研协调机构，积极推进产学研合作组织的形成和发展。建立政府、企业、高校院所、行业组织和产业园区联席会议制度。构建产学研多边合作伙伴关系，实现产学研协同发展、互利共赢，探索统筹科技资源的新体制、机制。加强企业、高校院所在航空航天、生物医药、电子信息、新材料等优势产业和新兴产业领域的战略合作，集成产学研各方优势，实现产业技术重大突破，促进共性技术成果和关键技术的扩散与转移，加快科技创新资源向企业集聚转移，提升产业市场竞争力。

第二，在主导产业领域构建产业技术联盟。发挥政府组织引导作用，围绕西安市五大主导产业，依托行业龙头骨干企业，联合高校、科研院所，构建产业技术联盟。重点推进高新区通信、太阳能光伏、生物医药产业联盟和经济开发区新材料、新能源、先进制造产业联盟构建。鼓励联盟企业共同研究和制定产业发展的市场技术路线与发展战略，促进行业内资源统筹和产业链配套，实现联盟内技术和产业资源对接。依托联盟组织机构参与行业准入资格认证，扩展国际国内市场开发。到2012年，在高新技术、装备制造、现代服务、旅游和文化产业五大主导产业重点领域，组建产业联盟5~10个，联盟企业达到200家，实现联盟产业规模1000亿元。

第三，实施重大科技产业项目。建立中央、省、市重大项目联动机制，以部省互动会商为重点，积极争取国家和陕西省的重大政策与资金支持，争取国家和陕西省重大科技专项布局，争取重大科技工程项目建设。积极争取国家低碳经济试点示范，在工业、交通、建筑等重点领域，实施百家企业节能计划和100项重大节能减排科技示范项目。围绕“十城万盏”西安国家半导体照明应用示范城市建设，市财政每年投入2500万元，大力推进LED半导体照明产业设计研发和应用示范项目建设。围绕主导产业联盟关键技术需求和产业重点领域，组织实施100项重大科技产业化项目，推进产业联盟集聚和产业集群发展。

（5）创新体制、机制，促进军民融合发展。

第一，构建军地融合战略框架。积极促成建立由省政府与国防科工委组成，西安市政府参与的军民融合指导委员会，协调解决重大发展问题。建立市政府与军工行业集团统筹科技资源战略联盟，签订战略合作框架协议，加强政府与军工行业集团在产业联建、技术融合等方面的战略合作。建立军地资源统筹联席会议制度，定期组织召开联席会议，围绕国防工业和地方经济融合互动发展的规划布局、重大政策研究，协调解决军民产业互动发展等重大事项。

第二，建立军地资源融合互动机制。在确保国防安全的前提下，协调建立国家标准、军用标准和行业标准协调互补的标准体系，协调解决非军企业准入渠道问题，扩大非军企业先进技术产品和零部件采购。在电子信息、先进制造、新材料、卫星应用等技术领域培育一批民进军项目，支持地方企业参与国防产品的研发和生产，为军工提供配套和服务。整合军工企业、科研院所的优势资源，构建西安市国防资源流通市场，通过租赁、有偿使用等方式，实现军工资源效用最大化，促进地方经济快速发展。建立分级别的国防建设需求信息发布制度，构建军民供需对话机制。依托西北工业技术研究院，以市场为牵引，以技术为核心，以效益为纽带，集聚各方资源，构建西安军工资源信息库，加速军工科技资源信息传递和技术转化。

第三，加强军工特色产业基地建设。将军工特色产业基地建设纳入地方经济发展规划，加大基础设施建设，完善服务配套功能，落实相关优惠政策，引导更多企业和重大项目向产业基地聚集。加强西安国家航空产业基地、西安国家民用航天产业基地建设，组织实施重大军民融合核心技术产业化示范项目，促进军民融合产业发展。加快兵器工业西安科技产业基地、西安船舶科技产业园、西安电子信息产业园建设，开展军工、民用技术双向转移示范试点，探索军民融合的新机制和新途径。加大地方财税、金融、土地、投资等政策引导和支持，采取中央、省、市联合共建模式，重点建设航海科技、北斗卫星、精细化工等军民技术融合产业示范园，推动军民融合产业集群发展。

第四，促进军民融合产业发展。按照“市场需求、机制创新、技术转移、股份改造、互利共赢”的原则，依托重点国防军工企业，以军民融合项目为纽带，开展军民融合产业技术试点示范，大力发展军民结合新兴特色产业，实现国防科技和民用科技相互促进与协调发展。充分发挥政府投资引导作用和资本市场的融资功能，积极推进军工资产的股份化改造，鼓励西安航天动力、航空动力、西飞国际等上市军工企业通过兼并重组，实现跨所有制、跨区域、跨行业合作，进一步提高军民融合产业的集中度。力争到2015年，军工企业工业产值突破千亿元大关，培育一批年产值过10亿~50亿元的骨干企业，打造一批产值过百亿元的产业集群。

（6）建设“两区两基地”统筹科技资源先行示范区。

第一，认真总结“两区两基地”统筹科技资源的成功模式，进一步强化科技产业园区（基地）统筹科技资源的主阵地作用，按照产业园区引领资源统筹，统筹资源支撑产业发展的路径，不断创新科技体制、机制，开展统筹科技资源的先行示范。认真落实开发区、产业基地统筹科技资源实施方案和相关配套政策措施，组织实施重大项目，先行先试。高新区围绕“世界一流园区”建设，在创新孵化、投融资体制和产学研合作等方面开展试点示范工作，成为统筹科技资源改革的先行示范区。经济开发区以建设西部先进制造业聚集区为目标，成为科技资源支撑产业规模发展的先行示范区。航空基地、航天基地积极探索中央、省、市联建共建、军民技术融合产业化发展的新模式，在军转民、民进军、军民融合的机制、体制创新方面开展试点示范，成为统筹科技资源体制、机制的先行示范区。到2015年，“两区两基地”高新技术产业增加值占全市GDP的比重达到60%以上，成为引领经济社会发展的重要增长极。

第二，加快发展战略性新兴产业。加大政府规划、土地、金融、财税等布局和政策引导，依托开发区、产业基地和县域工业园区，加速统筹科技资源和产业资源，大力发展航空航天、信息、生物技术、新材料、新能源等新兴产业，建设专业化新兴产业园区。加强园区基础设施建设，不断完善投资环境，营造良好的发展环境，重点开展科技招商引资，吸引一批重大科技工程项目落户园区。抓住国家战略性新兴产业发展机遇，按照政府推动、园区合作、市场运作的方式，以沣渭新区为依托，以统筹科技资源为动力，重点建设新兴产业试点示范区。充分发挥统筹科技资源改革示范基地建设的辐射带动作用，促进沣渭新区科技创新体系建设和战略性新兴产业发展。预计到2020年，新兴产业蓬勃发展，产业园区规模集聚，新兴产业产值达到1000亿元，成为西安新的主导产业。

第三，培育百家创新型企业。发挥行业龙头骨干企业统筹科技资源的示范作用，在西安市主导产业重点领域突破一批关键技术，造就一批具有核心竞争力的企业，创造一批国内知名的品牌，加速产业结构优化升级。统筹政府科技计划，大力推进创新型企业试点，促进科技资源向企业流动，以企业创新集聚科技资源，以科技资源推动产业发展。积极争取中央、省资金和政策扶持，在未来两到三年内，重点培育扶持一批产值过五十亿元和过百亿元的大企业、大集团，力争实现百家企业进入国家和省级创新型试点企业行列。

四、保障措施

（1）建立组织体系。

建立由陕西省和国家相关部委组成、西安市参加的统筹科技资源改革示范基地建设指导委员会，研究统筹科技资源中的重大事项，协调解决关键问题。

成立西安统筹科技资源改革示范基地建设工作领导小组，由西安市主要领导任组长，分管领导任副组长，市科技局、市发改委、市工信委、市财政局、“两区两基地”管委会等部门和单位领导参加，负责全市统筹科技资源改革示范基地建设工作。

组建统筹科技资源改革示范基地建设工作机构（领导小组办公室），负责起草规划方案、落实领导小组会议决定、处理相关日常事务等工作。

建立政府与高等院校、科研院所、军工单位和骨干企业参加的统筹科技资源联席会议制度，协调解决科技资源的共建共享问题。

（2）加大财政投入。

第一，整合现有财政各项科技资金并适当增加投入。加强对技术创新和产业发展等市级财政性资金的统筹使用，确保资金使用规范化和效益最大化，确保每年市级支持西安统筹科技资源改革示范基地建设的专项资金投入不低于2亿元。

第二，加强财政投入的配套与稳定增长。在加强市级财政投入的同时，加强区县与园区的财政配套，财政科技投入增幅要明显高于财政经常性收入增幅。到2020年，财政科技投入占财政预算支出的比例达到3%，区县财政科技投入达到同级财政预算支出的2%以上。

第三，切实保障重点工作的顺利实施。创新财政科技研发资金投入模式，采取无偿资助、贷款贴息、股权投入、事后核销、风险补偿、补贴奖励等方式，重点保障科技资源大市场建设、投融资体系建设、落实中介机构优惠政策及重大项目的实施。

（3）制定配套政策。

结合本方案及《关中–天水经济区发展规划》的要求，制定出台《西安统筹科技资源改革示范基地建设配套政策》。

各区县政府、开发区和产业基地管理委员会及政府相关职能部门，制定相应的配套政策，重点加强在财政、金融、规划、土地、税收及人才引进等方面的政策建设。

进一步加大国家和省市已经出台相关政策的落实力度，加强科技政策落实服务工作，为企业或个人落实各项科技政策提供咨询及落实服务。

（4）抓好先行先试。

统筹科技资源改革示范基地建设是一项长期而艰巨的系统工程，必须汇集全市各部门、各行业的力量，加大改革创新力度，实施重点突破，切实抓好先行先试。到 2012 年初，要建立统筹科技资源改革示范的战略框架，启动实施一批先行先试的重点工作和重大项目，取得统筹科技资源改革示范的阶段性成果。

市政府建立与重点高校、科研院所、行业集团的战略联盟和联席会议制度；市发改委、市科技局、市规划局、市国土局和市商贸局要建立和完善战略性新兴产业发展规划，初步构建起以沣渭新区为重点的新兴产业园区发展布局，组织实施一批重大建设项目；市工信委、市农委、市科技局要促成行业龙头骨干企业联合高校院所建立 5 ~ 10 个产业技术联盟，组织一批统筹科技资源示范试点企业；市财政局、市金融办、市地税局要创新科技投入模式，建立政府科技投入先行统筹机制，争取国家“新三板”在西安试点；市科技局和高新区要建成西安科技资源大市场，实现科技资源集成、开放和共享；“两区两基地”要在统筹新兴产业发展、军民技术融合、产学研合作和投融资体制四个方面先行先试，建成统筹科技资源改革先行示范区。

（5）强化考核机制。

政府各相关部门、各区（县）政府、开发区和产业基地管理委员会要进一步解放思想，真抓实干，高度重视统筹科技资源改革工作，切实抓好统筹科技资源改革示范工作。要建立统筹科技资源改革组织领导机构，研究制定相应的工作方案及政策措施。

建立和完善统筹科技资源改革示范基地建设的考核体系，明确责任分工，加强监督指导，保证统筹科技资源改革示范各项工作的落实，要进一步明确分工，突出重点，建立考核评价机制。

将统筹科技资源改革示范基地建设工作纳入市政府对各区县、开发区和产业基地管理委员会及政府相关职能部门的目标责任考核及领导班子的考核体系。

第三章　科技资源整合与产学研合作模式及路径研究

第一节　科技资源整合的意义

科技资源整合是各国科技管理和科技政策优先关注的核心问题之一，是我国全社会资源配置的重要方面。科技资源的稀缺性和期待效用最大化的特征，决定了当今世界各国都将科技资源整合视为重大战略。

一、促进科技发展的客观要求

据统计，经济合作与发展组织成员国国民生产总值的50%是以知识生产为基础的。随着科技发展的日新月异，知识正作为一个生产要素，在经济增长中发挥着越来越重要的作用，并且知识在经济增长与发展中正逐渐成为起决定性作用的因素。知识经济的发展取决于知识生产的数量、质量和速度，而知识是科技活动的成果，科技活动的有效开展依靠一定数量和质量的科技资源投入与优化组合，科技资源的数量和质量为科技活动的开展提供了保证，而科技资源的有效组合提高了科技活动的效率。因此，提高科技资源整合效率，实现科技资源的优化配置是科技发展的客观要求，科技资源整合在知识经济时代处于重中之重的地位。最大限度地优化科技资源、加速科技资源流动、提高科技资源的利用率，使知识的生产、分配和使用处于最佳状态，发挥知识作为决定性生产要素在经济增长中的推动作用，是社会发展与进步的基础和关键。对于我国这样一个多种经济形式并存、需要科技支撑迅速进步的发展中国家来说，按照知识经济的要求配置科技资源，实现科技资源共享，可以有效地促进知识的不断创新、快速传播、及时转化和有效应用，加速我国从劳动密集型向知识产业型过渡，提高劳动生产率的步伐，抓住机遇，大力发展以高技术产业为核心的知识经济，是创新型国家建设的关键。

二、推进国家创新体系高效运行的必由之路

国家创新体系是由一个国家经济和科技的组织构成，各有关部门和机构间相互作用而形成的创新推动网络。国家创新体系的要素构成是企业、大学、科研机构和政府部门，它是科技和经济一体化的联合与促进，企业在其中居于主体地位。国家创新体系的功能包括科学创新、技术创新、产品创新、产业创新、制度创新、创新人才的培养等。其中，技术创新是各项功能的核心，技术创新能力的转化形成国家经济实力与综合国力。国家创新体系的要素之间、功能之间、要素与功能之间相互交叉，形成国家创新的动态、多样、开放非线性网络。国家创新体系的实质是按照一定的国家目标，将产、学、研三方更加紧密地结合起来，使全社会的科技资源在体系内各要素和功能间形成有效流动和合理重组（必要时参与国际范围的资源整合），从而提高各要素和功能的科技活动效率，促进社会经济的发展，发挥国家创新体系在经济增长中的引擎作用。值得注意的是，国家创新体系中各要素与功能的相对作用与地位，在很大程度上决定着国家创新体系对经济的推动作用，即国家创新体系的效率。而体系内各要素与功能相对作用与地位的体现，又在很大程度上决定于社会科技资源的有效利用。当前，加快建设和完善我国的国家创新体系已经成为我国科技与经济工作的重要任务，是迅速增强我国科技竞争力，提升科技进步贡献率，加快实现科教兴国战略的重要前提。科技资源整合就是要使科技资源在国家创新体系各要素与功能间形成合理的规模和适当的结构，提高科技资源的共享率，促进网络内部的交流与合作，提高系统的运行效率。只有实现科技资源的有效整合，科技知识才能在体系内不断聚集、使用和扩散，国家创新体系也才能高效率地运行。

三、提高企业核心竞争力的战略选择

企业核心竞争力的提升离不开技术创新，技术创新离不开科技资源。企业技术创新的成功实现依赖于企业技术创新体系的高效运转，科技资源在体系各要素之间的分配和使用使体系高效运转，需

要科技资源的整合。这就要求企业必须对科技资源进行科学规划和系统整合，实现科技资源在企业创新体系内的合理配置与有效利用，同时加强企业和高等院校、科研院所的交流与合作；否则，势必造成企业技术创新过程中科技资源有效供给不足、持续支撑能力薄弱，导致企业技术创新体系各节点间科技资源流动与共享度差，缺乏系统协调和协作的资源交流机制，使企业科技资源不能充分创造出相应的技术竞争优势，而这些因素综合起来就会导致企业技术创新体系运行效率低下，技术创新能力减弱。

第二节 科技资源整合与产学研合作的模式

随着国内学者对我国各城市科技创新体系和科技创新产业的深入研究，学者们发现，科技资源整合度不高是困扰我国城市科技发展的主要问题，其主要表现是整合难、共享难。这个问题的存在不仅影响了企业的创新、科研院所研究成果的转化，而且直接造成大量的重复投资和资源浪费，进而制约了城市竞争力的提升。造成这种状况的因素虽然很多，但从各地的实践来看，缺乏明确的科技资源整合模式指导是其中的一个关键性因素。

资源整合是指用行政手段或市场方式对某区域内的闲置资源或未得到最优配置的资源进行挖掘、合并、转移、重组，使资源的二次配置能够满足某种特定需要，带来效益，并促进特定区域内经济的快速增长。这种资源整合可以在特定区域内部和组织内部进行，但更多的时候需要从该区域和组织内部引入资源。

资源平台建设是资源整合的重要手段。作为一种手段，必然牵涉到如何使用的问题，即使用手段的载体，而这种载体就是资源整合模式。科技资源整合模式强调对科技资源的整合。这里牵涉到科技资源的整合主体和供给主体的问题。科技资源整合主体是指由谁来负责进行整合，并进行后续的服务监督和管理。科技资源供给主体是科技资源的拥有者。

从我国各地方政府对科技资源整合的经验来看，科技资源整合模式可以有不同的划分方式。按照科技资源的使用主体划分，科技资源整合模式主要有项目模式、机构模式、基地模式和个人模式四种。项目模式是指以项目为资助对象和经费载体的科技投资活动。它涉及项目目标、资源保证、项目结果和项目管理等基本要素，是科技资源的投入与配置的主要模式。机构模式是指以科研机构为资助对象和经费载体的科技投资活动。在机构模式中，主要方式是向科研机构提供科学事业费，还有国家有关部门对国家重点实验室、部门开放实验室等给予一定的实验室运行费及运行补助费，以及建立研究所所长基金，将经费直接拨给研究所所长，用以资助创新性强、风险大的科研课题，特别是用于支持青年科技人才的科研工作。基地模式是指以重大科研装备或科研基地为资助对象和经费载体的科技投资活动。在基地模式中，主要方式是投资建设若干重大科学装置及投资建设国家重点实验室和国家工程中心。个人模式是指以科学家个人为资助对象和投资载体的科技投资活动。在该模式中，投资者通常只对投资的社会效果感兴趣，并不要求科学家必须“产”出什么具体的结果。该模式是建立在对受资助的科学家个人高度信赖的基础之上的。

按照科技资源的层次划分，科技资源整合模式又可以分为微观模式、中观模式和宏观模式。科技资源整合的微观模式主要是指企业、高等院校、科研院所等科研活动组织本着“平等互利、优势互补、资源共享、风险共担”的原则，在彼此自愿的条件下，结成联盟，实现资源整合；中观模式是指在一个行业内或行业间建立一个科技活动平台，达到科技资源共享或互补、提高科技资源的利用率、降低科研成本的目的，主要表现形式有大型工业实验室、虚拟实验室、工程研究中心、虚拟科学研究中心等；宏观模式主要是指为了一个区域的科技进步或高新技术发展，当地政府搭建一个大型的科技活动平台，达到整合区域社会科技资源的目的。

从发达国家和地区科技资源整合的经验看，科技资源整合模式又可以分为政策驱动式、项目驱动式和仪器驱动式。

（1）政策驱动式。采取这一模式的典范当推美国。1990 年，美国开始着手建设分布式、高效率的科学数据中心群，通过社会共享的方式对公益性数据进行传播。与此同时，美国政府还专门成立了技术中心，以此推进科技信息的共享，促使科技成果更为有效地转化为科技生产力。

（2）项目驱动式。在科技资源共享方面，欧盟采取的做法是建立多国共建共享的研究区域和科研基础设施。该理念主要内容包括：建立以优秀研究所为中心的研究网络，利用信息技术设立若干虚拟研究中心，促进欧洲各国共建共享大型研究基础设施，鼓励各国开展合作研究项目，强化欧洲各科技机构之间的合作，鼓励欧洲研究人员在不同机构之间相互流动，传播知识，等等。

（3）仪器驱动式。日本政府十分重视提高科技仪器的使用效率，不但制定了相关条例，以保证政府投入的科学仪器“物尽其用”，而且出台了“设备共用，接受民间委托”等一系列相应的政策，有效地促进了产、学、研各环节之间的互动。印度则从其经济实力有限的国情出发，于1976年正式启动“地区尖端仪器中心”计划：通过在全国不同地区设立高级仪器设施中心，国家为各企业分享数量有限的高级仪器提供了保障。

按照科技资源整合主体和供给主体划分，可将科技资源整合模式分为以下几种：大学资源开放模式、行业资源集聚模式、孵化器整合资源模式和政府下设中介机构整合资源模式，见表3.1。

表3.1　　科技资源整合模式的比较

资源整合模式	特　点	作　用
大学资源开放模式	大学与企业优势互补	使大学资源与产业发展相结合
行业资源集聚模式	政府投资建立、市场化运作，侧重于建立公益性基础设施	针对产业内共性问题且需求较大的资源进行整合，形成集聚效应
孵化器整合资源模式	资源的整合器、成果转化的加速器	实现科技资源的有效利用和产业的快速发展
中介机构整合资源模式	政府支持、服务范围更广	最大程度地整合社会科技资源，是对其他模式的有效补充

一、大学资源开放模式

高等院校作为独立的事业性质组织，有自己的特点。对于一些国家重点建设的高校，国家每年投入大量的资金用于其科研发展和建设，这些高校同时也承担了国家或地区重点项目的研究和开发，除了拥有大量的重点实验室和工程研究中心外，往往依托本校建立了大学科技园，充分发挥高校的优势。尤其是高校中的重点实验室和工程研究中心，它们往往掌握着特定地区多数的、最先进的科技资源。

大学资源开放模式以高等院校和重点实验室及工程研究中心供给方式为特征，可以极大地促进科研院所科技资源与相关产业相结合，实现科研院所与企业之间的强强合作、优势互补。

二、行业资源集聚模式

行业资源集聚模式主要针对中小型科技企业。这些企业自身往往缺乏发展所必需的一些科技资源，而寻求外部资源成本较高，这种状况极大地制约了其发展壮大甚至生存的空间。行业资源集聚模式主要是针对产业领域的共性问题，对需求比较大的资源进行整合，形成集聚效应。它需要先期政府投资建立、后期市场化的运作方式。从各地目前的发展情况来看，一些软件园、生物科技园等即属于这种模式。

三、孵化器整合资源模式

孵化器是一种为创业企业提供公共支撑和专业服务、扶持创业企业顺利成长的场所。孵化器的功能主要表现为：资源的整合器、成果转化的加速器。作为资源的整合器，孵化器除了本身能够提供一个可以通用的基础技术平台外，更多的是作为一个资源的整合者，将原先很难互相连通的资源连接起来。而作为成果转化的加速器，则主要是为企业提供成果转化和融资服务。

四、中介机构整合资源模式

这里的政府下设机构是政府为整合某类资源所建立的专门的办公室、机构等。此种资源整合模式是针对某一类科技资源的整合，而不是仅仅针对某行业的科技资源进行整合。这个特点决定了此种整合模式将对特定区域所有需要此类科技资源的单位提供支持，适用范围较广。

这种模式跳出了产业或行业的局限，其服务范围更为宽广，是其他共享模式的有益补充，但它的建立离不开政府的支持，并且需要政府的持续关注。

第三节　科技资源整合与产学研合作路径

通过科技资源整合与产学研合作，实现科技资源共享，一般有三条主要途径：一是通过建立科技基础条件平台进行整合；二是利用区域科技投入指南进行整合；三是利用科技计划进行整合。

一、科技基础条件平台建设

科技基础条件平台是运用信息网络等现代技术，对科技基础条件资源进行战略重组和系统优化，建立以共享机制为核心、以资源整合为主线，促进全社会科技资源高效配置和综合利用的有效方式。

2004 年，科技部会同其他三部委制定了《2004—2010 年国家科技基础条件平台建设纲要》，2005 年，国务院办公厅转发该纲要，同年科技部出台了《“十一五”国家科技基础条件平台建设实施意见》，标志着国家科技基础平台建设工作全面启动，这对推动我国创新型国家建设，提高自主创新能力，有着非常重要的意义。

区域科技基础条件平台是国家科技基础条件平台建设的重要组成部分，同时也是建设区域科技创新体系，提高区域创新能力的重要物质基础。区域科技基础条件平台是集研究实验基地和大型科学仪器、设备共享平台、自然科技资源共享平台、科学数据共享平台、科技文献共享平台、成果转化公共服务平台、网络科技环境平台于一体的区域性的科技基础条件平台。

目前，开展较好的已经具有雏形的区域科技基础条件平台是长三角区域科技基础条件平台。

长三角地区是我国科技资源最为丰富的地区之一，然而，过去由于行政区域的条块分割和归口管理，以及缺乏“共享”意识，导致相当多的科技资源被闲置，无法发挥百分之百的功效。因此，如何充分发挥长三角地区科技资源的优势，聚集创新资源，建设优势互补、合作共赢的区域科技创新公共服务体系，成为长三角三地合作的首要议题。2003 年，江、浙、沪共同签订了《长三角创新体系建设协议书》，三地致力建设优势互补、合作共赢的区域科技创新公共服务平台，实现科技资源在更大范围、更广领域和更高层次上的整合与高效配置利用。在2007年长三角区域创新体系建设联席会议上，三方共同签署了《长三角科技资源共享服务平台共建协议书》，明确了未来长三角区域科技基础条件平台的“1+8”框架，即建设1个“资源共享平台门户”和“科学仪器共用”等8个子系统。截至目前，“长三角大型科学仪器设备协作共用网”已经建成开通，通过该平台可以查阅430余家仪器单位共3620台（套）入网仪器设施。此外，长三角科技创新共享服务平台的另外两个子系统文献服务系统和技术转移系统的建设也正在有条不紊地向前推进。

总之，长三角通过跨区域的科技基础条件平台建设，向全社会开放大型科学仪器设施，促进了资源跨区域共享，降低了科技创新成本，推进了区域技术转移系统的建设，培育了一大批科技中介服务机构，构筑了高效便捷的成果转化孵化支撑条件和环境，提升了区域整体科技创新水平，对长三角区域创新体系的建设有着重要的意义。

二、府际科技共建

在全球化时代，国家技术水平的提高和技术创新能力的增强，对于一个国家维持其在全球市场上的竞争力和保持经济的可持续发展至关重要，因此，各国中央政府与地方政府为实现国家和地方发展的战略目标，在科技方面开展了广泛的合作。府际科技共建是府际科技合作的具体形式之一，即中央（联邦）政府和地方（大区、省、州）政府为了有效地执行科技政策、合理配置科技资源，通过签订协议和共建科技项目，建立跨层级政府之间稳定的双边或多边科技合作关系。

随着我国经济增长方式的转变，科技支撑和引领经济社会发展的作用将越来越强，无论是国家还是区域，都需要依托科技资源加强创新能力建设。所谓省部科技共建，是指各省（自治区、直辖市）政府和中央政府相关部委为实现国家与地方科技发展的战略目标，进一步优化整合中央和地方的科技资源，通过科技工程、教育工程和重大科技项目等进行共同建设，从而推动区域科技和经济的快速发展。省部科技共建是以合作为基础、协调与管理政府间关系的一种新型科技资源整合路径。省部共建机制的兴起，打破了传统政府管理的区域和层级观念，强调权力或资源相互依赖、开放和区域合作，能够更好地处理政府间存在的竞争、合作和区域发展问题。

近年来，广东、安徽和山东等30多个省、自治区、直辖市已经同科技部、教育部、农业部、交通部等国家部委进行了科技项目的共建合作，并取得了一定的成效。现阶段，省部科技共建从区域-国家的发展定位出发，主要采取“一部一省”、“一部多省”或“多省多部”等模式进行共建协商，并根据不同区域的优势与特色进行多种形式的科技共建。

（1）区域-国家的发展定位。

2006年，国家颁布的《国家中长期科学和技术发展规划纲要（2006—2020）》强调：“各地区都在不断深化科技体制改革，整合科技创新要素，优化配置创新资源，大力发展高新技术产业，推进区域创新体系建设，以在市场经济大潮中获取竞争优势和发展机会。”创新系统可分为两个层次，即国家创新系统和区域创新系统。从系统的层次性来看，区域创新体系是国家创新体系的子系统。国家创新体系要求各级地方政府在国家宏观政策框架下，以区域战略规划为指导，适时地创立具体、可操作的制度，省部科技共建的实施便顺应了这一发展趋势。

从主要内容来看，省部科技共建作为科技政策与管理的一种灵活互动机制，能有效地实现国家及地方两个创新系统的协同。因为科技部与各省、市、区的科技共建项目，既遵从了各地区域科技经济发展的重大需求，体现了区域科技经济特征，突出了区域性，又围绕国家科技中长期发展纲要，统筹科技事业发展，使区域科技发展服从和服务于国家创新体系建设。

如科技部2003年开始设立了“省部共建国家重点实验室培育基地”，目前全国共有47个。它强调区域优势、特色同国家战略相结合，即在国家科技发展总体目标的指导下，省部共建国家重点实验室培育基地。这一举措“有效促进了地方科技人才、项目与基地的合理配置”，同时，“省部共建国家重点实验室培育基地建设面向区域经济和社会发展需求，与地方支柱产业和优先发展领域相结合，开展应用基础研究，对地方实验室的建设起到了示范作用”，并且“为地方支柱产业发展提供了科技支撑”。

(2) 府际的沟通与协作。

市场经济发展的内在需求和政府事务的日益复杂化，推动着政府间关系的调整。省部科技共建是指中央各部委和地方政府为了有效执行科技政策、合理配置科技资源，通过签订政府间协议，建立跨层级政府之间稳定的双边或多边科技合作关系。它突破了以前“一部一省”或“一部多省”的参与模式，逐步发展为“多部一省”或“多部多省”。同时，通过这种部际合作，增强了部门之间的交流与统筹。

如“985 工程”一期，教育部、国防科工委与黑龙江省投入 10 亿元共建哈尔滨工业大学；现代轨道交通国家实验室由科技部、教育部、铁道部、四川省和西南交通大学共建，建设资金总额超过 10 亿元，其中铁道部为实验室的建设先期投资就高达 3 亿元。此外，科技部、农业部、财政部、教育部、国家林业局、水利部、中国科学院等 18 个部委和陕西省人民政府共建了杨凌国家级农业高新技术产业示范区。

(3) 共建项目选择与科技资源优化配置。

省部科技共建形式是多样化的，包括省部共建实验室、省部共建大学和省部共建产业基地等。由于社会、人口、资源、环境等具体条件不同，我国各地经济和科技发展水平差异较大，发展极不平衡。为实现经济与科技的均衡发展，省部科技共建政策更注重针对当地经济和社会中存在的差异与实际问题，选择不同的共建项目，使科技为当地经济和社会发展服务。

对于大多数地区，省部科技共建主要采取信息化建设等手段，提高本地吸收、模仿与利用科技成果的能力，走资源节约、环境友好的新兴工业化道路，使该地区能够实现跨越式发展。例如，2004 年科技部与安徽省开始共建合肥国家科技创新型试点市，吸引合肥组建脉冲功率激光国家重点实验室、省院（中科院）共建循环经济技术工程院、新材料领域专业孵化器、合肥高新磁材料工程研究中心、军事医学科学院国家生物防护装备工程技术研究中心、合肥微软技术中心、杰事杰新材料产业园和AERO公司投资10亿美元的半导体晶圆项目。再如科技部、信息产业部、湖北省政府、武汉市政府共建的武汉国家光电子产业基地。

对于经济欠发达的西部地区，一方面，出于社会公平的目的，省部科技共建采取倾斜帮扶政策，主要采取科普教育等方式，提高当地的基本科技能力，加强对西部生态环境和基础设施的科技平台建设。如教育部自2004年起，在中西部地区选择没有教育部直属高校的省（自治区），与地方政府签订协议，共建一所龙头高校。目前，教育部已与河南、山西等省共建大学18所。另一方面，立足区域特色，开展自然资源的保护和开发利用研究。如科技部与新疆维吾尔自治区共建的新疆生物资源基因工程实验室，针对新疆草原兔尾鼠严重危害荒漠草地，影响畜牧业发展并导致草场沙化的问题，实验室提出了利用免疫不育技术开展害鼠不育疫苗的研究项目。通过克隆在新疆荒漠草地非常猖獗的草原兔尾鼠卵透明带基因，研制的免疫不育疫苗经实验动物草原兔尾鼠注射后，抗生育率达到70%以上。

东部及沿海发达地区，尤其是大都市地区，由于经济科技实力较强，通过省部科技共建，增强了地方政府科研装备的总体实力，使地方开展学科前沿研究和承担国家重大科研任务的能力明显提高，在开展科学前沿领域研究和解决重大科技问题方面成果卓著，其中一批成果达到国际先进水平。如由中国科学院与上海市政府共建的面向多学科前沿研究和高技术开发的大科学装置等。

三、产学研合作

产学研合作是各国科技与经济政策的基本内容，是国家创新体系中的基本模式。美国是世界上科技竞争力最强的国家，它的企业与大学、科研机构之间合作进行研究开发是有效使用科技资源的成功经验。我国产学研合作的科技资源整合路径就是借鉴这一经验。通过合作，组织科技生产力纽带，实现科技资源、经济资源、生产力要素的重组与优化配置，畅通科技成果转化渠道，使合作成为研究者、生产者、经营者、调控者的实施运行枢纽。目前，由于我国正处于经济体制转型阶段，科技资源在配置规模、配置结构，尤其是活动主体间的职能分配，以及科技资源运行的方式等方面，都存在各种不合理的现象。深入分析不难发现，这些问题都与企业、高等院校、研究机构三方有着直接或间接的关系，理顺三者的关系，加强三者的合作，是解决这些问题的当然选择，对实现我国科技资源整合，具有重要意义。无论是从国内的实际情况出发，还是从国际科技经济发展的潮流来看，依靠产、学、研三方的密切配合，进行科技资源的优化重组，都是实现科技资源优化配置的重要途径。

四、市场化驱动

市场化驱动是指充分发挥市场的导向作用，企业、高校、专业技术开发机构、科技中介机构按照市场需求进行资源整合，以促使科技资源配置与社会经济发展目标相适应，与自然基础和产业基础相适应，与区域社会经济中长期发展计划相衔接，通过科技资源的合理配置，达到以低倍的投入获得高倍的科技产出的目标。

市场化驱动并不意味着完全舍弃传统的计划配置方式，对于一些可以通过利益机制以扩大和调节资源流向的领域，可以采用市场机制配置的方式；而对于一些不能完全通过利益机制进行调节的领域，则可以适当地采取计划配置的方式。例如，技术开发领域由于具有较强的经济目的性，利益机制能产生对科技资源流动的导向与调节作用，因而可以采用市场机制配置科技资源的方式；而基础研究领域主要是学术上、社会上的效益，基础研究成果在某种意义上具有经济学中的“公共物品”的性质，市场机制在这一领域会失灵，这时就需要政府对其进行以计划为主的配置。当前，我国科技发展战略的“稳住一头，放开一片”的方针，正是强调了市场在科技资源配置中的重要作用，是市场化驱动的具体体现。即使在需要依靠市场调节的领域，适当地进行计划性科技资源注入，也可以起到启动、引导和聚集的作用。

第四章　沈阳市科技资源与产业发展现状

近年来，为落实党的十六届五中全会提出的“把增强自主创新能力作为科学技术发展的战略基点和调整产业结构、转变增长方式的中心环节”政策，进一步配合“科教兴省”战略的实施，沈阳市政府相继出台了一系列政策措施，以推进高新技术产业化、提高技术创新能力为重点，以服务经济增长为目标，牢固树立科技先行观念，全面落实“科学技术是第一生产力”的思想，不断深化科技体制改革，着力加快科技成果转化，沈阳市的科技实力和创新能力得到不断提高，大大促进了经济社会的发展。到 2008 年，全市共有高等院校 40 所，其中本科院校 28 所，高职专科院校 12 所，专任教师达到 21685 人；拥有科研院所 116 个，大学科学园 2 个；已建立国家及省部级重点实验室 136 个、工程技术研究中心 113 个；有从事科技活动的人员 7.22 万人，其中研究与发展人员 3.04 万人，拥有中国科学院和中国工程院院士 27 人；全社会科技创新投入大幅度增长，2008 年，研究与发展活动经费（内部）支出 67.01 亿元，占全市 GDP 比重的 1.74%；2008 年，全市共承担各级科技计划项目 961 项，其中国家级科技计划项目 175 项，省级科技计划项目 413 项，市级科技计划项目 373 项，合计拨款达 6.92 亿元；全市共获得科技成果奖 353 项，其中国家级科学技术奖（含个人）13 项，省级科学技术和成果转化奖 160 项，市级科技成果奖（含个人）180 项。这些都为今后进一步实施科技资源整合，建立科技资源共享体系奠定了坚实的基础和条件。

第一节　科技人力资源

从沈阳市科技人力资源的总量上看，2008 年沈阳市共有从事科技活动的人员 7.22 万人，比 2006 年增长了 5.25%，其中科学家与工程师 5.46 万人（含两院院士 27 人），占全市科技活动人员的

75.62%，比2006年增长了12.11%。研究与试验发展人员折合全时当量（下称R&D活动人员）3.04万人/年，比2006年增加0.18万人/年。具体见表4.1至表4.4。

表4.1　沈阳市科技活动人员基本情况

项　目	2006年	2007年	2008年
科技活动人员/万人	6.86	6.78	7.22
每万人从事科技活动人员/万人	97	96	101
科学家与工程师/万人	4.87	5.07	5.46
占科技活动人员比重/%	71	74.8	75.6
每万名劳动力中科学家与工程师/人	154	162	177

表4.2　在沈中国科学院院士名单

序号	姓　名	出生年月	专业与专长	所在单位	授予时间
1	师昌绪	1920年11月	金属学、金属物理	中国科学院金属研究所	1980年
2	曹楚南	1930年8月	腐蚀与防护科学	中国科学院金属研究所	1991年
3	叶恒强	1940年7月	材料科学、金属物理	中国科学院金属研究所	1991年
4	李依依(女)	1933年10月	冶金与金属材料	中国科学院金属研究所	1993年
5	卢　柯	1965年5月	新材料	中国科学院金属研究所	2003年
6	闻邦椿	1930年9月	机械力学	东北大学	1991年
7	张嗣瀛	1925年4月	自动控制	东北大学	1997年
8	*张广学	1921年1月	昆虫学	中国科学院动物研究所（现在沈阳师范大学）	1991年
9	李　天	1938年10月	飞机空气动力学	中国航空第一集团公司沈阳飞机设计研究所	2005年

注：师昌绪、曹楚南二位院士人事关系在沈阳。

* 张广学为2003年沈阳师范大学聘用的院士。

表4.3　在沈中国工程院院士名单

序号	姓　名	出生年月	专业与专长	所在单位	授予时间
1	*师昌绪	1920年11月	金属学及材料科学	中国科学院金属研究所	1991年
2	胡壮麒	1929年8月	金属材料	中国科学院金属研究所	1995年
3	柯　伟	1932年12月	金属断裂与腐蚀	中国科学院金属研究所	1997年
4	闻立时	1936年3月	复合材料	中国科学院金属研究所	1999年
5	陆钟武	1929年10月	冶金热工及能源	东北大学	1997年
6	殷国茂	1932年1月	轧管工艺与设备	东北大学	1995年
7	柴天佑	1947年11月	自动化	东北大学	2003年

续表 4.3

序号	姓　名	出生年月	专业与专长	所在单位	授予时间
8	王国栋	1942 年 10 月	板带轧制理论、工艺和自动化	东北大学	2005 年
9	李　明	1936 年 11 月	飞机自动化	中国航空第一集团公司沈阳飞机设计研究所	1995 年
10	姚新生	1934 年 10 月	天然药物化学	沈阳药科大学	1995 年
11	朱英浩	1929 年 5 月	变压器制造	沈阳市变压器厂	1995 年
12	黄其励	1941 年 1 月	热能动力装置	东北电力集团	1997 年
13	安静娴(女)	1929 年 2 月	化学制药	东北制药总厂	1997 年
14	封锡盛	1941 年 12 月	自动控制	中国科学院沈阳自动化研究所	1999 年
15	王天然	1943 年 3 月	人工智能、机器人、工业自动化	中国科学院沈阳自动化研究所	2003 年
16	陈洪铎	1933 年 2 月	皮肤病学	中国医科大学	1999 年
17	孙铁珩	1938 年 3 月	生态学及环境工程学	中国科学院沈阳应用生态研究所	2001 年
18	唐任远	1931 年 6 月	稀土永磁电机	沈阳工业大学	2001 年
19	陈温福	1955 年 12 月	作物栽培与作物育种	沈阳农业大学	2009 年

注：* 师昌绪既为中国科学院院士，又为中国工程院院士。

表 4.4　　沈阳市科研机构、高校、企业科技人员分布情况　　万人

项　目		2006 年	2007 年	2008 年
科技活动人员	科研机构	1.35	1.37	1.44
	高校	1.16	1.11	2.03
	大中型工业企业	3.52	3.36	3.75
科学家与工程师	科研机构	1.02	1.08	1.13
	高校	0.92	0.88	1.78
	大中型工业企业	2.12	2.20	2.55

企业、科研机构和高等院校是我国科技活动的三大执行部门。2008 年，沈阳市科技活动人员在三大执行部门的分布情况是：企业约占 51.94%，研究机构占 19.94%，高等院校占 28.12%，可以看出大中型工业企业仍然是沈阳市当前科技活动的主体。

第二节 科技财力资源

2008年，全市科技活动经费筹集总额为121.70亿元，比2007年增长28.21%。按照科技活动经费筹集额的来源划分，政府资金为47.24亿元，企业资金为63.55亿元，事业单位资金为4.95亿元，金融机构贷款为3.05亿元，国外资金为0.11亿元，其他资金为2.79亿元。资金来源中政府资金和企业资金是其主要构成，占科技活动经费筹集总额的比重达91.04%（见表4.5）。

表4.5　　2008年沈阳市科技活动经费筹集情况

资金来源	科技活动经费筹集总额/万元	比上年增长/%	占筹集总额的比重/%
政府资金	472398	10.91	38.82
企业资金	635498	40.71	52.22
事业单位资金	49486	70.07	4.07
金融机构贷款	30537	27.66	2.51
国外资金	1133	-92.23	0.09
其他	27902	62.90	2.29
合计	1216955	28.21	

科技经费投入及管理是制约科技活动开展的质与量两个方面的关键，是发展科学技术的必要条件和基本保障，它直接影响着科技活动的产出和经济增长的速度与效益。2008年，沈阳市地方财政科技拨款12.56亿元，较2007年提高19.1%，占地方财政支出的比重达到3.09%；市本级财政拨款10.09亿元，较2007年提高66.47%，占本级财政支出的比重达到5.09%。见表4.6和图4.1。

表4.6　　2006—2008年沈阳市财政科技拨款情况

指　　标	单位	2006年	2007年	2008年
地方财政科技拨款	万元	74990	105395	125526
占地方财政支出的比重	%	2.21	1.97	3.09
市本级财政科技拨款	万元	41033	60630	100928
占本级财政支出的比重	%	2.42	2.21	5.09
市科技局管理	万元	26705	32569	33929

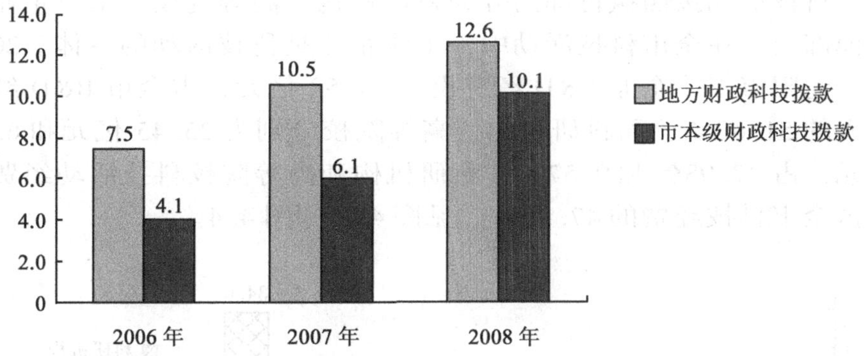

图 4.1　2006—2008 年沈阳市财政科技拨款情况（单位：亿元）

2008 年，沈阳市科技活动经费内部支出 121.7 亿元，较 2007 年提高 40.71%，占 GDP 的比重达到 3.16%；全社会 R&D 活动经费投入为 67.01 亿元，相当于 GDP 的 1.74%，比 2006 年提高了 34.02 个百分点，R&D 经费投入占科技经费投入的 55.06%。见表 4.7 和图 4.2。

表 4.7　　2006—2008 年沈阳市科技活动经费内部支出情况

指　　标	单位	2006 年	2007 年	2008 年
科技活动经费内部支出	万元	834960	864863	1216955
占 GDP 的比重	%	3.31	2.81	3.16
R&D 活动经费内部支出	万元	500025	556699	670099
占 GDP 的比重	%	1.98	1.73	1.74

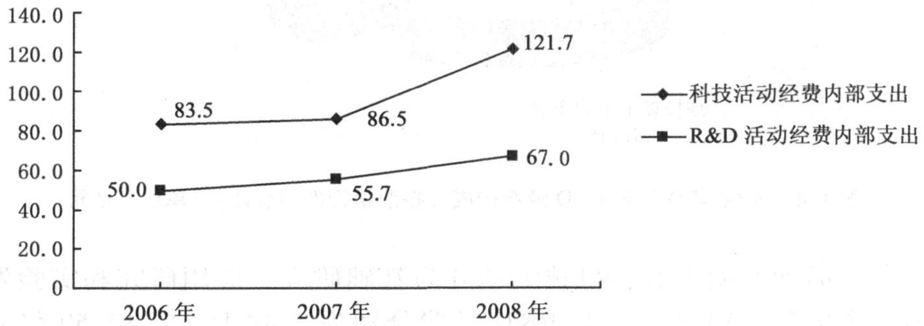

图 4.2　2006—2008 年沈阳市科技活动经费内部支出情况（单位：亿元）

科技活动按照执行部门分为科研机构、高等院校、工业企业和其他部门，在全市科技活动中，工业企业是科技活动的主体。2008年，沈阳市工业企业R&D经费投入34.58亿元，占全市R&D经费投入的51.60%，而科研机构、高等院校分别为25.45亿元和6.42亿元，占37.98%和9.57%，科研机构和高等院校科技活动经费之和占全市科技经费的47.55%。见图4.3和图4.4。

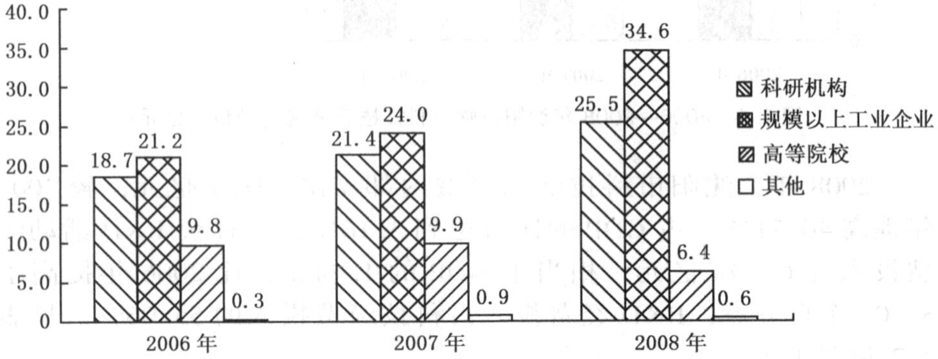

图4.3　2006—2008年沈阳市R&D经费构成（按照执行部门统计）（单位：亿元）

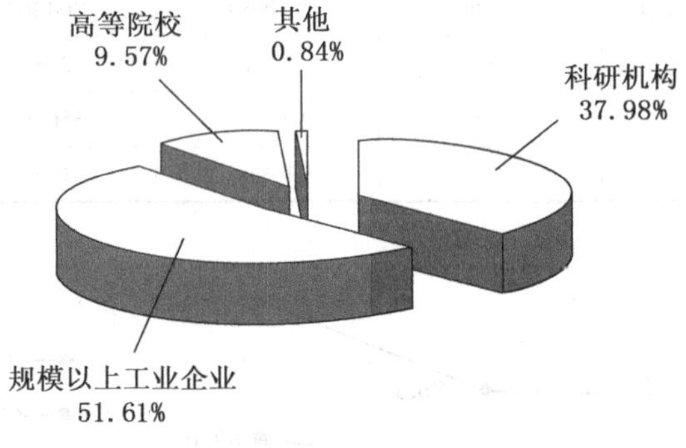

图4.4　2008年沈阳市R&D经费构成（按照执行部门统计）（单位：亿元）

从活动类型来看，科技活动分为基础研究、应用研究和实验发展三个部分，2008年，其R&D经费分别为2.48亿元、15.59亿元和44.54亿元，占全市R&D经费的3.96%，24.90%和71.14%，三项比值为1∶6.29∶17.96。可见，基础研究和应用研究经费支出比重偏低，是沈阳市技术创新相对薄弱的原因所在，如图 4.5 所示。

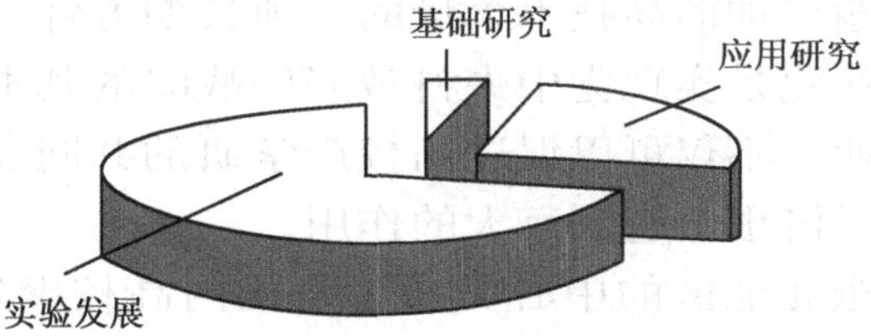

图 4.5　2008 年沈阳市 R&D 经费构成（按照活动类型统计）

第三节　科技信息资源

沈阳市的科技文献信息资源已经形成了一定的规模和体系，主要分布在各类公共图书馆、高等院校和科研院所。据调查，沈阳市现有高校图书馆 40 所、公共图书馆 21 所，有中文科技图书上千万册、期刊近万种。特别是近几年来，随着国内外科技文献数据库和网络服务系统相继投入使用，信息资源得到了快速丰富与增长，数字资源的比例大大提高，文献载体从过去的印刷型为主发展到数字化电子型载体与印刷型纸制载体并存的格局。沈阳市的数字信息资源以网络数据库为主，光盘数据库为辅。文献种类包含图书、期刊、学位论文、会议论文、科技报告、专利、标准等品种，其中以图书、期刊、学位论文等为主要品种。具体包括清华同方、重庆维普、万方数据、德国施普林格（Springer-Verlag）、WSN（新加坡世界科技出版公司 WorldSciNet 数据库）、书生之家、超星数字图书馆、国研网、人大复印资料全文数据库等。网络资源由于使用方便快捷，节省空间，已经成为科技文献资源建设的发展趋势。

第四节　科技基础条件资源

一、高等院校

高等院校是国家知识创新的基地，作为高新技术的创造者和拥有者，它对国家高新技术产业发展和高新技术向传统产业的渗透、改造起着重要的作用。“发展高科技，实现产业化”是我国促进产业高级化和普遍增加商品技术含量的一项长期方针。而高校科技成果商品化、产业化是实现党中央科教兴国战略的基本途径之一。发展高校科技产业，不仅可以促进高校产学研的共同发展，而且对繁荣国家及地区经济也会起到巨大的作用。

沈阳作为东北地区的中心城市，是国内高校聚集的城市之一，目前全市共有高校 40 所，其中本科院校 28 所，专科院校 12 所，涵盖文、理、工、农、医、法等学科专业和领域，高校数量和层次在全国 15 个副省级城市中都排在前列。沈阳高校尤其是以工科为主的多科性大学，虽然历史上曾隶属于不同的国家部委，但大多是新中国成立初期为建设东北工业基地而创建的，与沈阳乃至东北老工业基地关系密切，并为沈阳老工业基地的建设和发展发挥了不可替代的历史作用，成为沈阳市科技资源体系中的重要源头力量。高等院校发挥着人才培养、科学研究、社会服务的三大职能。在科技人才培养方面，已经成为沈阳市就地就近新增高层次建设大军的主要来源；在科学研究和社会服务方面，高等院校依托人才、学科与创新平台（重点实验室、工程中心）诸多优势，逐年加大了科技投入规模，科技成果显著，年均获省部级以上科技进步奖 80 余项，产学研结合的领域越来越广，科技成果转化进程较快，成为企业技术创新密不可分的战略合作伙伴。总之，大学是培养高层次创新人才的重要基地，是基础研究和高技术领域原始创新的主力军之一，是解决重大科技问题、实现技术转移、成果转化的生力军，大学在基础研究、前沿技术研究、社会公益研究等领域的原始创新会进一步加大国家、区域和行业发展服务的力度。

在沈阳市现有的 40 所高等院校中，教育部直属高校 1 所，省属高校 36 所，市属高校 3 所；有 2 所高校进入了国家“211 工程”，其中 1 所入选“985 工程”；有 10 所高校先后实行省部共建（见表 4.8），进一步增强了高校为区域经济和行业发展服务的能力。在校正高级职称人数近 3000 人，其中两院院士 8 人，占全市院士总数的 29.63%，长江学者 14 人，享受国务院政府特殊津贴超过 600 人。国家级重点实验室 2 个，占全市国家级重点实验室的 20%；国家级工程技术研究中心 3 个，占全市 21.43%；省部级重点实验室80个，占全市的63.49%；省部级工程中心33个，占全市的33.33%。共有371个本科专业，覆盖哲学、经济学、法学、教育学、文学、历史学、理学、工学、农学、医学和管理学共11个学科门类、64个专业领域。有32个博士后流动站，251个博士学位授权点，729个硕士学位授权点，分别占全市的95.80%和96.17%。有国家级重点学科26个，省部级重点学科209个，藏书量达2300万册以上，是全市公共图书馆藏书量的2.43倍。全日制普通高等学校在校生总数近40万人，其中研究生在校生人数达26948人，占在校生总数6.74%，每年为沈阳市装备制造业、汽车及零部件、化工医药、农产品加工、电子信息等“五大支柱产业”提供了大量的人才储备。驻沈高校已经成为沈阳市最重要的人力资源培养基地和信息资源聚集区。见图4.6以及表4.8至表4.12。

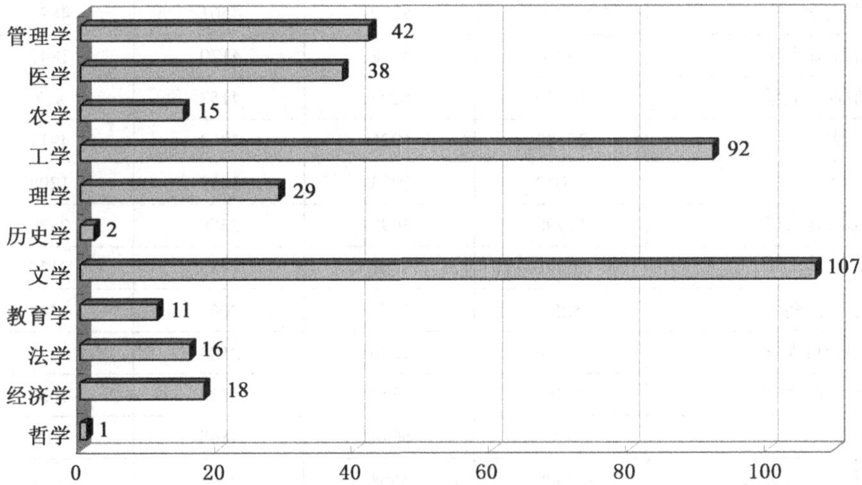

图4.6　沈阳市高校本科专业分布情况

表4.8　沈阳地区实行省部共建高校一览表

学校名称	共建单位
东北大学	教育部、辽宁省、沈阳市
沈阳理工大学	中国兵器工业集团公司、中国兵器装备集团公司、辽宁省
沈阳建筑大学	住房与城乡建设部、辽宁省

续表 4.8

学校名称	共建单位
沈阳航空工业学院	国防科技工业局、辽宁省
沈阳体育学院	国家体育总局、辽宁省
沈阳化工学院	中国中化集团公司、辽宁省
沈阳工业大学	中国华电集团公司、辽宁省
中国医科大学	卫生部、辽宁省
沈阳药科大学	中国医药工业科研开发促进会、辽宁省
沈阳农业大学	农业部、辽宁省

表 4.9　　沈阳市本科高等院校科技资源一览表（一）

学校名称	在校学生数	招生数	毕业生数	在校研究生数
辽宁大学	20940	5229	4561	4871
沈阳工业大学	16050	4238	4170	1847
沈阳理工大学	19339	5299	4157	827
东北大学	22182	5926	4962	4911
沈阳建筑大学	11082	2933	3012	1208
沈阳农业大学	12998	3698	3358	2329
中国医科大学	7380	1767	1753	3177
辽宁中医药大学	8252	2677	2062	1204
沈阳药科大学	7359	2040	2103	1675
沈阳师范大学	22261	6359	6433	1658
沈阳大学	18108	5074	4868	215
沈阳航空航天大学	13529	3664	2592	785
沈阳化工学院	12236	3093	2730	755
沈阳医学院	6981	2179	1783	
中国刑事警察学院	5595	1397	1407	317
沈阳体育学院	7101	1973	1641	529
沈阳音乐学院	9469	2972	1235	300
鲁迅美术学院	5202	1794	777	340
沈阳工程学院	10586	3551	2798	

表 4.10　　沈阳市本科高等院校科技资源一览表（二）

学校名称	本科专业	硕士点	博士点	博士后流动站
辽宁大学	80	127	36	3
沈阳工业大学	42	43	11	2
沈阳理工大学	41	33		
东北大学	49	174	81	13
沈阳建筑大学	38	36	1	
沈阳农业大学	46	72	31	6
中国医科大学	12	64	52	4
辽宁中医药大学	23	21	10	3
沈阳药科大学	19	21	29	1
沈阳师范大学	74	59		
沈阳大学	79	10		
沈阳航空航天大学	54	21		
沈阳化工学院	40	27		
沈阳医学院	10			
中国刑事警察学院	10	8		
沈阳体育学院	11	5		
沈阳音乐学院	9	3		
鲁迅美术学院	21	5		
沈阳工程学院	21			

表 4.11　　沈阳市本科高等院校科技资源一览表（三）

学校名称	教职工数	其中 专任教师	其中 正教授	院士	长江学者	享受政府 特殊津贴
辽宁大学	2492	1412	242		1	81
沈阳工业大学	2292	1194	194	1		17
沈阳理工大学	1945	1003	117			26
东北大学	4458	2227	361	6	12	304
沈阳建筑大学	1401	794	157			
沈阳农业大学	1778	974	171	1		15
中国医科大学	1644	891	599	1	1	47
辽宁中医药大学	1168	706	91			47
沈阳药科大学	1184	582	84	1		
沈阳师范大学	2504	1660	275			
沈阳大学	2462	1201	109			3
沈阳航空航天大学	1652	894	119			
沈阳化工学院	1271	726	124			
沈阳医学院	769	469	181			15
中国刑事警察学院	747	378	79			13
沈阳体育学院	704	486	47			
沈阳音乐学院	1166	928	70			
鲁迅美术学院	579	410	44			20
沈阳工程学院	939	500	71			5

表 4.12　　沈阳市本科高等院校科技资源一览表（四）

学校名称	国家级重点学科	省部级重点学科	藏书/万册	省级以上重点实验室	省级以上工程技术中心
辽宁大学	3	32	230	2	
沈阳工业大学	2	20	98	4	4
沈阳理工大学		7	116.5	4	4
东北大学	7	26	240	12	11
沈阳建筑大学		14	156.71	9	2
沈阳农业大学	3	22	87	11	5
中国医科大学	5	27	110	12	
辽宁中医药大学	1	37	80	8	3
沈阳药科大学	5	11	50	11	3
沈阳师范大学			180	1	
沈阳大学			170	3	
沈阳航空航天大学		6	130	3	2
沈阳化工学院		5	90	2	2
沈阳医学院			83.3		
中国刑事警察学院			66		
沈阳体育学院			66.79		
沈阳音乐学院			48		
鲁迅美术学院		2	36.5		
沈阳工程学院				1	

目前，沈阳市大部分高校基本上都拥有一部分已转化的科技成果项目，在一些地区和行业得到广泛的应用，已经形成了一定的发展规模，市场前景看好，经济效益显著。如东北大学的多变量智能控制系统的开发、应用工程软件项目，年销售额达到1060万元，年利润为132万元；沈阳航空航天大学的沈阳通公众信息网项目的年销售额为1500万元，年利润为380万元。此外，各高校内部还有一大批具有潜在转化能力的项目和在孵项目，如沈阳师范大学的X射线血液辐照机、小型中子辐照机、防电磁辐射涂料、液膜提金技术等13个项目，这些项目在积极政策的引导下，经过科技园的孵化，必将带来可观的经济效益和社会效益。

大学科技园是引领高校按照市场需求研究、育化和孵化科技项目的中试基地、转化基地和产业化基地。沈阳市一直把大学科技园建设作为高校科技成果转化的重中之重。目前，沈阳市已建成6个大学科技园，入园高新技术企业近百家，形成了一定的规模，并日益呈现出良好的发展态势。其中被列为国家重点建设的国家级大学科技园之一的东北大学科技园由东大科学园、东大创业园和东大产业园（包括东大软件园）三部分组成，园区占地1000多亩，建有4个国家和教育部的工程中心，20多家高新企业入园孵化和生产，2000年实现销售收入13.2亿元（约占全省高校产业的55%），实现利润1.9亿元（约占全省高校产业的70%），已基本建设成为以信息技术为核心，以计算机软件和数字化产品研究开发和生产为主体，不断向机电一体化、新材料及先进制造技术等领域延伸发展，具有显著新经济特征的高新技术孵化、育化和产业化的重要基地与造就高科技人才的重要基地，已经建设成为立足沈阳、辐射东北、面向全国的信息集散地，成为带动省内其他院校科技园建设的重要示范基地。省内其他的大学科技园有的已经起步，完成了初步的规划，开始基础设施和创业环境的建设，并有一批高科技企业入园孵化、一些高校科技成果在科技园内转化，如沈阳工业大学科技园、沈阳理工大学科技园、沈阳农业大学科技园等。

二、科研院所

沈阳市域内市属以上独立科学研究与技术开发机构总计116个，其中自然科技机构54个，社会科学与人文科学机构5个，科技信息和文献机构5个，转制科技机构52个（为政府部门属独立的自然科学和技术领域中转制到位的机构，其中11个名存实亡或全年无任何科技活动，具体包括：沈阳市食品发酵研究院、沈阳市家具研究所、沈阳市标准件研究所、沈阳市塑料研究所有限公司、沈阳市电器研究所、沈阳市玻璃研究所、沈阳市通用机械研究设计院、沈阳市建筑材料设计研究所、沈阳市石油化工研究院、沈阳市电机研究所和沈阳计算机研究设计院）。沈阳市自然科学与技术领域科技机构密集，有数据统计的95家科研院所的数量、规模、实力均排在全国15个副省级城市前列，其数量占沈阳市院所总量的91.4%；总资产112.88亿元，其中科研仪器设备总值26.8亿元；职工总数19319人，其中硕士以上学历2948人，占职工总数的15.26%；涉及5个学科领域，17个学科门类，学科分布广，科研力量强，其课题研究、专利申请与授权等主要指标也占沈阳市院所总量的95%以上，与沈阳工业内在联系紧密，对高新技术产业发展及新兴产业的壮大具有重要的支撑、导向作用。见图4.7和表4.13

至表4.15。

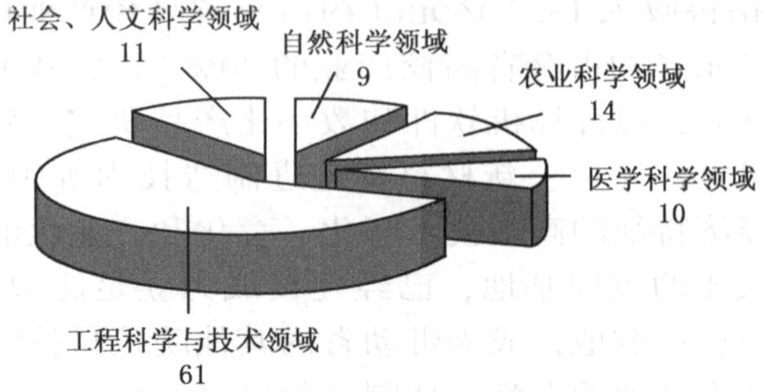

图4.7 沈阳市科技机构学科领域分布

表4.13 沈阳市科技机构人员情况

类型		从业人员/人	科技活动人员/人	科学家和工程师/人	R&D人员/(人/年)
未转制科技机构	自然科学领域	944	745	696	722
	农业科学领域	1403	1131	836	652
	医学科学领域	770	644	534	202
	工程科学与技术领域	8519	7135	5414	6741
	社会、人文科学领域	775	698	591	236
	小计	12411	10353	8071	8553
转制科技机构	自然科学领域	48	41	26	0
	农业科学领域	21	0	0	0
	医学科学领域	41	41	41	0
	工程科学与技术领域	6798	3988	3123	1373
	小计	6908	4070	3190	1373
总计		19319	14423	11261	9926

论文著作作为创造性的科研成果的理论分析和总结，是科技交流的基础，并在一定程度上体现出科研机构的学术研究水平。2008年，有统计数据的105家科研院所共发表科技论文3476篇，比上年增加29篇，其中在国外刊物或国际会议发表751篇，占总量的21.6%。正式出版的科技著作62种，比2007年增加10种。沈阳地区科研机构的论文著作主要集中在未转制科研机构，转制机构2008年发表科技论文533篇，其中在国外刊物或国际会议上仅发表3篇；正式出版的科技著作仅为2种。

表 4.14　沈阳市科技机构经费收支情况　千元

类　型		科技经费筹集额	技术性收入	科技经费内部支出	R&D 经费内部支出
未转制科技机构	自然科学领域	204721	30722	193166	105950
	农业科学领域	200150	1668	160341	53693
	医学科学领域	109813	41804	130445	30739
	工程科学与技术领域	2906667	470708	2737665	2055654
	社会、人文科学领域	83130	3240	85335	12813
	小计	3504481	548142	3306952	2258849
转制科技机构	自然科学领域	2048	1958	925	0
	农业科学领域	2202	0	2202	0
	医学科学领域	6369	2330	6325	0
	工程科学与技术领域	653290	356700	699838	285900
	小计	663909	360988	709290	285900
总　计		4168390	909130	4016242	2544749

表 4.15　沈阳市科技机构成果概况

类　型		课题数/个	科技论文/篇	科技著作/种	专利申请受理数/件	专利授权数/件	拥有发明专利总数/件
未转制科技机构	自然科学领域	88	574	12	109	42	71
	农业科学领域	199	378	8	11	7	30
	医学科学领域	75	246	0	6	2	8
	工程科学与技术领域	609	1420	14	441	235	502
	社会、人文科学领域	85	325	26	0	0	0
	小计	1056	2943	60	567	286	611
转制科技机构	自然科学领域	5	0	0	0	0	0
	农业科学领域	0	0	0	0	0	0
	医学科学领域	1	0	0	0	0	0
	工程科学与技术领域	379	533	2	138	54	134
	社会、人文科学领域	1	0	0	0	0	0
	小计	386	533	2	138	54	134
总　计		1442	3476	62	705	340	745

三、重点实验室

截至2008年，沈阳市共建有国家级、省部级以上重点实验室136个，其中国家级重点实验室10个，部级重点实验室32个，辽宁省重点实验室94个，初步建立起沈阳市重点实验室体系。全市重点实验室从依托单位的分布来看，隶属于科研院所的有44个，高等院校的有82个，企业的有4个，具体分布如图4.8所示。可见，沈阳市的重点实验室主要分布在各高等院校和科研院所之中，其数量占全市重点实验室的92.65%。目前，94个省级重点实验室主要分布在沈阳市重点发展的信息技术、新材料、光机电一体化、医药卫生、生物技术、农业技术等高新技术领域中，已成为辽宁省科技创新的主要源发基地之一。见表4.16至表4.18。

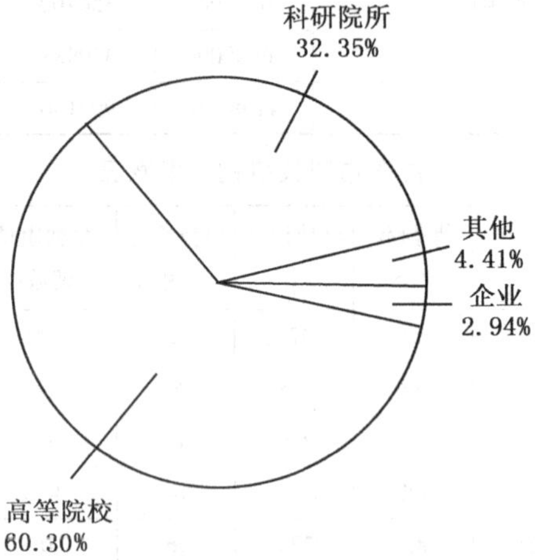

图4.8　沈阳市重点实验室按照依托单位分布

表4.16　　2008年沈阳市国家级重点实验室

序号	名　　称	组建单位	批准部门	批准时间
1	轧制技术及连轧自动化国家重点实验室	东北大学	国家科委	1988年
2	长白山森林生态国家研究站	中国科学院沈阳应用生态研究所	国家计委	1999年
3	金属腐蚀与防护国家重点实验室	中国科学院金属研究所	国家计委	1993年

续表 4.16

序号	名称	组建单位	批准部门	批准时间
4	沈阳材料科学国家（联合）实验室	中国科学院金属研究所	国家科技部	2000 年
5	机器人学国家重点实验室	中国科学院沈阳自动化研究所	国家科技部	2007 年
6	真空技术装备国家工程实验室	中国科学院沈阳科学仪器研制中心有限公司	国家发改委	2008 年
7	*国家沈阳新药安全评价研究中心	沈阳市化工研究院 沈阳药科大学	国家科技部	2000 年
8	*新农药创制与开发国家重点实验室	沈阳化工研究院	国家科技部	2007 年
9	高档数控机床国家重点实验室	沈阳机床（集团）有限责任公司	国家科技部	2007 年
10	特高压变电技术国家工程实验室	特变电工沈阳变压器集团有限公司，沈阳变压器研究所股份有限公司	国家发改委	2008 年

注：*表示由省科技厅组建有相应的省级重点实验室。

表 4.17　　2008 年沈阳市部级重点实验室

序号	名称	组建单位	批准部门	批准时间
1	流程工业综合自动化教育部重点实验室	东北大学	教育部	2000 年
2	*材料电磁过程研究教育部重点实验室	东北大学	教育部	2001 年
3	病毒实验室	辽宁中医药大学	国家中医药管理局	2002 年
4	中药质量分析实验室	辽宁中医药大学	国家中医药管理局	2002 年
5	分子生物学实验室	辽宁中医药大学	国家中医药管理局	2002 年
6	针灸电生理实验室	辽宁中医药大学	国家中医药管理局	2003 年
7	中药药理学实验室	辽宁中医药大学 辽宁省中医药研究院	国家中医药管理局	2003 年

续表 4.17

序号	名　　称	组建单位	批准部门	批准时间
8	*结构工程实验室	沈阳建筑大学	建设部	1983 年
9	建筑材料开发检测实验室	沈阳建筑大学	建设部	2000 年
10	建筑生态物理实验室	沈阳建筑大学	建设部	2000 年
11	*机械电子工程实验室	沈阳建筑大学	建设部	2000 年
12	市政与环境工程实验室	沈阳建筑大学	建设部	2000 年
13	智能建筑技术实验室	沈阳建筑大学	建设部	2000 年
14	铸造实验室	沈阳理工大学	兵器工业集团总公司	1991 年
15	材料成型及控制实验室	沈阳理工大学	兵器工业集团总公司	1993 年
16	农业部作物生理生态遗传育种重点开放实验室	沈阳农业大学	农业部	1996 年
17	农业部北方作物病害免疫重点开放实验室	沈阳农业大学	农业部	1996 年
18	免疫皮肤病实验室	中国医科大学	卫生部	1996 年
19	细胞生物学实验室	中国医科大学	卫生部	1996 年
20	卫生部小儿先天畸形重点实验室	中国医科大学	卫生部	1996 年
21	*卫生部艾滋病免疫学重点实验室	中国医科大学	卫生部	2005 年
22	*国家中医药管理局中药质量分析三级实验室	沈阳药科大学	国家中医药管理局	2003 年
23	国家中医药管理局中药药理三级实验室	沈阳药科大学	国家中医药管理局	2003 年
24	国家中医药管理局中药化学三级实验室	沈阳药科大学	国家中医药管理局	2003 年
25	国家中医药管理局中药分析三级实验室	沈阳药科大学	国家中医药管理局	2003 年
26	国家中医院管理局中药药理学三级实验室	辽宁省中医药研究院	国家中医药管理局	2003 年

续表 4.17

序号	名　　称	组建单位	批准部门	批准时间
27	国家中医院管理局中药分析学二级实验室	辽宁省中医药研究院	国家中医药管理局	2004 年
28	国家中医院管理局中药药剂学二级实验室	辽宁省中医药研究院	国家中医药管理局	2004 年
29	高速高雷诺数气动力航空科技重点试验室	中国航空工业第一集团公司沈阳空气动力研究所	中国航空工业总公司	1999 年
30	航空动力传输重点试验室	中国航空工业第一集团公司沈阳发动力机设计研究所（606 所）第五研究室	国防科工委	1997 年
31	* 中国科学院陆地生态过程重点实验室	中国科学院沈阳应用生态研究所	中国科学院	1994 年
32	沈阳出入境检验检疫局电子电器产品检测中心	沈阳出入境检验检疫局	国家质检总局	2003 年

注：* 表示由省科技厅组建有相应的省级重点实验室。

表 4.18　　2008 年沈阳市省级重点实验室

序号	名　　称	组建单位	批准部门	批准时间
1	辽宁省材料电磁过程重点实验室	东北大学	省科技厅	2001 年
2	辽宁省金属材料微结构设计与控制重点实验室	东北大学	省科技厅	2004 年
3	辽宁省液晶功能高分子科学与工程重点实验室	东北大学	省科技厅	2004 年
4	辽宁省高档数控机床重点实验室	东北大学	省科技厅	2005 年
5	辽宁省特种钢冶炼重点实验室	东北大学	省科技厅	2006 年
6	辽宁省采矿工程重点实验室	东北大学	省科技厅	2006 年
7	辽宁省重大机械装备动力学可靠性与质量工程重点实验室	东北大学	省科技厅	2007 年
8	辽宁省数字化装备综合信息处理系统重点实验室	东北大学	省科技厅	2008 年

续表 4.18

序号	名　　称	组建单位	批准部门	批准时间
9	辽宁省制造系统与物流优化重点实验室	东北大学	省科技厅	2008 年
10	辽宁省稀散元素重点研究室	辽宁大学	省教育厅	2003 年
11	辽宁省光电子功能器件与检测技术重点实验室	辽宁大学	省科技厅	2008 年
12	辽宁省中医药现代化研究实验室	辽宁中医药大学	省教育厅	2003 年
13	辽宁省中药鉴定与品质评价重点实验室	辽宁中医药大学	省科技厅	2008 年
14	辽宁省中医分子免疫学重点实验室	辽宁中医药大学	省科技厅	2008 年
15	沈阳环境工程重点实验室	沈阳大学	省教育厅	2003 年
16	辽宁省生态环境工程重点实验室	沈阳大学	省科技厅	2006 年
17	辽宁省先进材料制备技术重点实验室	沈阳大学	省科技厅	2008 年
18	辽宁省高电压强电流与新型电机重点实验室	沈阳工业大学	省科委	1992 年
19	辽宁省复杂曲面数控制造技术重点实验室	沈阳工业大学	省科技厅	2002 年
20	辽宁省镁合金及成形技术重点实验室	沈阳工业大学	省科技厅	2005 年
21	辽宁省风力发电技术重点实验室	沈阳工业大学	省科技厅	2006 年
22	辽宁省数字化工艺仿真与试验技术重点实验室	沈阳航空航天大学	省科技厅	2005 年
23	辽宁省清洁能源（联合）重点实验室	沈阳航空航天大学	省科技厅	2006 年
24	辽宁省先进聚合物基复合材料重点实验室	沈阳航空航天大学	省科技厅	2007 年
25	辽宁省建筑结构工程重点实验室	沈阳建筑大学	省科技厅	2005 年

续表 4.18

序号	名　　称	组建单位	批准部门	批准时间
26	辽宁省机械电子工程重点实验室	沈阳建筑大学	省科技厅	2006 年
27	辽宁省建筑节能与室内环境控制重点实验室	沈阳建筑大学	省科技厅	2008 年
28	辽宁省酶功能研究中心	沈阳农业大学	省科技厅	1992 年
29	辽宁省农业生物技术重点实验室	沈阳农业大学	省科技厅	1995 年
30	辽宁省农作物秸秆饲喂反刍家畜配套技术推广中心	沈阳农业大学	省科技厅	1997 年
31	辽宁省北方粳稻育种重点实验室	沈阳农业大学	省科技厅	2003 年
32	辽宁省设施园艺重点实验室	沈阳农业大学	省科技厅	2003 年
33	辽宁省农业资源与环境重点实验室	沈阳农业大学	省科技厅	2006 年
34	辽宁省农作物植物病理重点实验室	沈阳农业大学	省科技厅	2007 年
35	辽宁省农业水土工程重点实验室	沈阳农业大学	省科技厅	2008 年
36	辽宁省十字花科蔬菜遗传育种重点实验室	沈阳农业大学	省科技厅	2008 年
37	辽宁省新药筛选重点实验室	沈阳药科大学	省科技厅	2005 年
38	辽宁省创新药物设计与评价重点实验室	沈阳药科大学	省科技厅	2005 年
39	辽宁省中药质量控制重点实验室	沈阳药科大学	省科技厅	2006 年
40	辽宁省新药药效评价重点实验室	沈阳药科大学	省科技厅	2008 年
41	辽宁省药物代谢与药物动力学重点实验室	沈阳药科大学	省科技厅	2008 年
42	辽宁省器官移植重点实验室	中国医科大学	省科技厅	2003 年
43	辽宁省甲状腺疾病重点实验室	中国医科大学	省科技厅	2004 年
44	辽宁省实验动物转基因重点实验室	中国医科大学	省科技厅	2005 年

续表 4.18

序号	名　称	组建单位	批准部门	批准时间
45	辽宁省艾滋病免疫学重点实验室	中国医科大学	省科技厅	2005 年
46	辽宁省介入治疗与器材开发重点实验室	中国医科大学	省科技厅	2005 年
47	辽宁省医学影像重点实验室	中国医科大学	省科技厅	2006 年
48	辽宁省妇科肿瘤与高危妊娠重点实验室	中国医科大学	省科技厅	2008 年
49	辽宁省晶状体学重点实验室	中国医科大学	省科技厅	2008 年
50	辽宁省生物进化与生物多样性重点实验室	沈阳师范大学	省科技厅	2006 年
51	辽宁省兵器科学与技术重点实验室	沈阳理工大学	省科技厅	2006 年
52	辽宁省先进制造技术与装备重点实验室	沈阳理工大学	省科技厅	2008 年
53	辽宁省眼科干细胞组织工程重点实验室	沈阳医学院何氏视觉科学学院	省科技厅	2008 年
54	辽宁省化工应用技术重点实验室	沈阳化工大学	省科技厅	2007 年
55	辽宁省高效化工混合技术重点实验室	沈阳化工大学	省科技厅	2008 年
56	辽宁省电力仿真控制重点实验室	沈阳工程学院	省科技厅	2007 年
57	辽宁省地震预测预警开放重点实验室	辽宁省地震研究所	省科技厅	2008 年
58	辽宁省化学危害分析与处理技术重点实验室	辽宁省分析测试研究中心	省科技厅	2005 年
59	辽宁省生殖健康重点实验室	辽宁省计划生育科学研究院	省科技厅	2005 年
60	辽宁省森林生态重点实验室	辽宁省林业科学研究院	省科技厅	2005 年
61	辽宁省农作物有害生物控制重点实验室	辽宁省农科院植物保护研究所	省科技厅 省财政厅	2005 年
62	辽宁省玉米遗传改良与高效栽培重点实验室	辽宁省农业科学研究院	省科技厅	2006 年

续表 4.18

序号	名　称	组建单位	批准部门	批准时间
63	辽宁省能源高粱选育与转化重点实验室	辽宁省农业科学研究院	省科技厅	2006 年
64	辽宁省花卉科学重点实验室	辽宁省农业科学研究院花卉研究所	省科技厅	2007 年
65	辽宁省农产品质量安全检测及控制技术重点实验室	辽宁省农业科学研究院	省科技厅	2008 年
66	辽宁省天然食品添加剂重点实验室	辽宁省农业科学研究院	省科技厅	2008 年
67	辽宁省基因识别技术重点实验室	辽宁省刑事科学技术研究所	省科技厅	2005 年
68	辽宁省制药工程技术开放性实验室	辽宁省中医药研究院	省科技厅	2003 年
69	辽宁省现代中药制剂重点实验室	辽宁省中医药研究院	省科技厅	2007 年
70	辽宁省中医临床验方系统评价重点实验室	辽宁省中医药研究院	省科技厅	2008 年
71	辽宁省特种设备标准安全技术重点实验室	辽宁省安全科学研究所	省科技厅	2006 年
72	辽宁省水资源与水环境重点实验室	辽宁省水利水电科学研究院	省科技厅	2007 年
73	辽宁省流域污染控制重点实验室	辽宁省环境科学研究院	省科技厅	2007 年
74	辽宁省环境遥感技术应用重点实验室	辽宁省环境科学研究院	省科技厅	2008 年
75	辽宁省陆地生态过程与区域生态安全重点实验室	中国科学院沈阳应用生态研究所	省科技厅	2005 年
76	辽宁省节水农业重点实验室	中国科学院沈阳应用生态研究所	省科技厅	2005 年
77	辽宁省生态公益林经营管理重点实验室	中国科学院沈阳应用生态研究所	省科技厅	2006 年
78	辽宁省植物资源保护与利用重点实验室	中国科学院沈阳应用生态研究所	省科技厅	2008 年

续表 4.18

序号	名　　称	组建单位	批准部门	批准时间
79	辽宁省工业通信与控制系统重点实验室	中国科学院沈阳自动化研究所	省科技厅	2005 年
80	辽宁省数字化协同制造重点实验室	中国科学院沈阳自动化研究所	省科技厅	2006 年
81	辽宁省先进无机泡沫材料重点实验室	中国科学院金属研究所	省科技厅	2006 年
82	辽宁省生物医用金属材料重点实验室	中国科学院金属研究所	省科技厅	2008 年
83	辽宁省高速公路养护技术重点实验室	辽宁省交通科学研究院	省科技厅	2008 年
84	辽宁省海洋水分子生物学重点实验室	辽宁省水产科学研究院	省科技厅	2005 年
85	辽宁省特种钢铸造工艺重点实验室	沈阳铸造研究所	省科技厅	2007 年
86	辽宁省新药安全评价技术重点实验室	沈阳化工研究院、沈阳药科大学、辽宁省中医药研究院	省科技厅	2005 年
87	辽宁省新农药创制重点实验室	沈阳化工研究院	省科技厅	2008 年
88	辽宁省太阳能光伏应用技术重点实验室	辽宁太阳能研究应用有限公司	省科技厅	2008 年
89	辽宁省燃煤 CO_2 减排及污染物综合控制开放重点实验室	国家电站燃烧工程中心	省科技厅	2005 年
90	辽宁省大肠癌防治重点实验室	辽宁省肿瘤医院	省科技厅	2006 年
91	辽宁省中药临床药物代谢动力学重点实验室	辽宁中医药大学附属医院	省科技厅	2005 年
92	辽宁省软件系统开发与应用重点实验室	辽宁省信息安全与软件测评认证中心，辽宁北方实验室有限公司	省科技厅	2007 年
93	辽宁省卫生安全评价重点实验室	辽宁省疾病预防控制中心	省科技厅	2007 年
94	辽宁省环境监测技术重点实验室	辽宁省环境监测中心站	省科技厅	2004 年

四、工程中心

目前，沈阳市共建有各类工程中心 136 个。其中国家级工程中心 14 个（如表 4.19 所示），涉及先进制造（6 个）、新材料（5 个）、信息技术（1 个）、能源技术（1 个）等领域。全市工程中心按照依托单位分布来看，隶属于科研院所的有 33 个，占总数的 29.20%；隶属于高等院校的有 36 个，占总数的 31.86%；隶属于企业的有 39 个，占总数的 34.51%，具体分布见图 4.9 和表 4.19 至表 4.21。

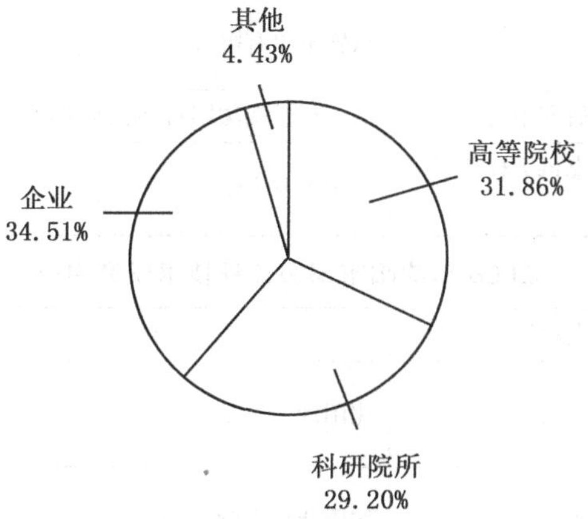

图 4.9　沈阳市工程（技术）研究中心按照依托单位分布

表 4.19　　2008 年沈阳市国家级工程技术研究中心

序号	中心名称	依托单位	批准部门	批建时间
1	高档数控国家工程研究中心	中国科学院沈阳计算技术研究所	国家计委	1993 年
2	计算机软件国家工程研究中心	东北大学	国家计委	1993 年
3	传感器国家工程研究中心	沈阳仪表科学研究院	国家计委	1995 年
4	高性能均质合金国家工程研究中心	中国科学院金属研究所	国家计委	1995 年
5	农药国家工程研究中心	沈阳化工研究院	国家计委	1995 年
6	染料国家工程研究中心	沈阳化工研究院	国家计委	1996 年

续表 4.19

序号	中心名称	依托单位	批准部门	批建时间
7	国家消防工程技术研究（沈阳）中心	公安部沈阳消防研究所	国家科委	1996 年
8	国家腐蚀控制工程技术研究中心	中国科学院金属研究所	国家科委	1996 年
9	国家电站燃烧工程技术研究中心	辽宁省燃烧工程技术中心	国家科委	1996 年
10	国家冶金自动化工程技术研究中心沈阳分中心	东北大学	国家科委	1997 年
11	国家真空仪器装置工程技术研究中心	中国科学院沈阳科学仪器研制中心	国家科技部	1998 年
12	国家数字化医学影像设备工程技术研究中心	东软集团有限公司	国家科技部	2000 年
13	机器人国家工程研究中心	中国科学院沈阳自动化研究所	国家计委	2001 年
14	国家稀土永磁电机工程技术研究中心	沈阳工业大学	国家科技部	2002 年

表 4.20　　　　2008 年沈阳市部级工程技术研究中心

序号	中心名称	依托单位	批准部门	批建时间
1	兵器工业润滑技术研究中心	沈阳理工大学	中国兵器工业总公司	1991 年
2	天然药物工程技术研究中心	沈阳药科大学	国家药品监督管理局	1994 年
3	兵器工业高速切削技术工程中心	沈阳理工大学	中国兵器工业总公司	1996 年
4	国家危险废物工程技术（沈阳）中心	沈阳环境科学研究院	国家环保局	1999 年
5	国家高粱改良中心	辽宁省农业科学院高粱研究所	农业部	2000 年
6	教育部材料先进制备技术工程研究中心	东北大学	教育部	2001 年
7	新材料与特种材料教育部网上技术研究中心	东北大学	教育部	2001 年
8	沈阳国家水稻改良分中心	辽宁省稻作研究所	农业部	2001 年
9	教育部稀土永磁应用工程研究中心	沈阳工业大学	教育部	2001 年

表 4.21　　2008 年沈阳市省级工程技术研究中心

序号	中心名称	依托单位	批准部门	批建时间
1	辽宁省 CAD/CAM 工程技术研究中心	东北大学	省科技厅	1998 年
2	辽宁省轧制工程技术研究中心	东北大学	省科技厅	1998 年
3	辽宁省硼资源综合开发利用工程技术研究中心	东北大学	省科技厅	2005 年
4	辽宁省设备诊断工程技术研究中心	东北大学	省科技厅	2005 年
5	辽宁省矿物材料工程技术研究中心	东北大学	省科技厅	2006 年
6	辽宁省嵌入式软件工程技术研究中心	东北大学，沈阳东大信息技术有限公司	省科技厅	2005 年
7	辽宁冶金辅助材料工程技术中心	沈阳东北大学冶金技术研究所有限公司	省科技厅	2008 年
8	辽宁省工厂化高效农业工程技术研究中心	沈阳农业大学	省科技厅	2005 年
9	辽宁省生物农药工程技术研究中心	沈阳农业大学	省科技厅	2005 年
10	辽宁省农产品加工工程技术研究中心	沈阳农业大学	省科技厅	2005 年
11	辽宁省瘦肉型猪繁育工程技术研究中心	沈阳农业大学	省科技厅	2006 年
12	辽宁省玉米育种工程技术研究分中心	沈阳农业大学	省科技厅	2006 年
13	辽宁省高速切削工程技术研究中心	沈阳理工大学	省科技厅	1996 年
14	辽宁省通信网络工程技术研究中心	沈阳理工大学	省科技厅	2005 年
15	辽宁省药物制剂工程技术研究中心	沈阳药科大学	省科技厅	2005 年
16	辽宁省天然药物现代分离与工业化制备工程技术研究中心	沈阳药科大学	省科技厅	2006 年

续表 4.21

序号	中心名称	依托单位	批准部门	批建时间
17	辽宁省中药炮制工程技术研究中心	辽宁中医药大学	省科技厅	2005 年
18	辽宁省中药现代化工程技术研究中心	辽宁中医药大学	省科技厅	2000 年
19	国家稀土永磁电机工程技术研究中心	沈阳工业大学	省科技厅	2002 年
20	辽宁省异型石材数控加工设备工程技术研究中心	沈阳建筑大学	省科技厅	2008 年
21	辽宁省异型高耸建筑工程设备工程技术研究中心	沈阳建筑大学	省科技厅	2008 年
22	辽宁省化工静态混合反应工程技术研究中心	沈阳化工大学	省科技厅	2005 年
23	辽宁省高分子材料工程技术研究中心	沈阳化工大学	省科技厅	2008 年
24	辽宁省知识工程与人机交互工程技术研究中心	沈阳航空航天大学	省科技厅	2006 年
25	国家真空仪器装置工程技术研究中心	中国科学院沈阳科学仪器研制中心有限公司	省科技厅	2000 年
26	国家金属腐蚀控制工程技术研究中心	中国科学院金属研究所	省科技厅	1997 年
27	辽宁省高性能热喷涂涂层工程技术研究中心	中国科学院金属研究所	省科技厅	2006 年
28	辽宁省先进制造工程技术研究中心	中国科学院沈阳自动化研究所	省科技厅	1996 年
29	辽宁省肥料工程技术研究中心	中国科学院沈阳应用生态研究所	省科技厅	2006 年
30	辽宁省蔬菜良种工程技术研究中心	辽宁省农业科学研究院蔬菜研究所	省科技厅	2005 年
31	辽宁省大豆育种工程技术研究中心	辽宁省农业科学研究院作物研究所	省科技厅	2005 年
32	辽宁省北方杂交粳稻工程技术研究中心	辽宁省稻作研究所	省科技厅	2005 年

续表 4.21

序号	中心名称	依托单位	批准部门	批建时间
33	辽宁省钛合金精密熔铸工程技术研究中心	沈阳铸造研究所	省科技厅	2005 年
34	辽宁省大型装备特殊钢材料及铸造成型工程技术研究中心	沈阳铸造研究所	省科技厅	2006 年
35	辽宁省铝镁合金材料及其先进铸造成型工程技术研究中心	沈阳铸造研究所	省科技厅	2008 年
36	辽宁省农药工程技术研究中心	沈阳化工研究院	省科技厅	2005 年
37	辽宁省有机颜料工程技术研究中心	沈阳化工研究院	省科技厅	2006 年
38	辽宁省高性能陶瓷材料及制品工程技术研究中心	辽宁省轻工科学研究院	省科技厅	2005 年
39	辽宁省危险废物处置工程技术研究中心	沈阳环境科学研究院	省科技厅	2005 年
40	辽宁省防洪减灾工程技术研究中心	辽宁省水利水电科学研究院	省科技厅	2005 年
41	辽宁省生物疫苗工程技术研究中心	辽宁省生物医学工程研究院有限公司	省科技厅	2005 年
42	辽宁省建筑节能工程技术研究中心	辽宁省建设科学研究院	省科技厅	2006 年
43	辽宁省机械研究院有限公司工程技术研究中心	辽宁省机械研究院有限公司	省科技厅	2007 年
44	辽宁省选矿行业自动控制工程技术研究中心	辽宁省电子研究设计院有限公司	省科技厅	2008 年
45	辽宁省标准化体系建设工程技术研究中心	辽宁省分析科学研究院	省科技厅	2008 年
46	辽宁省印刷技术研究所工程技术研究中心	辽宁省印刷技术研究所	省科技厅	2007 年
47	辽宁省非织造布工程技术研究中心	辽宁天维纺织研究建筑设计有限公司	省科技厅	1997 年
48	国家电站燃烧工程技术研究中心	辽宁省燃烧工程技术研究中心	省科技厅	1997 年

续表 4.21

序号	中心名称	依托单位	批准部门	批建时间
49	辽宁省网络与信息安全工程技术研究中心	东软集团有限公司	省科技厅	2006 年
50	辽宁省抗艾滋病药物工程技术研究中心	东北制药总厂	省科技厅	2005 年
51	辽宁省汽车工程技术研究中心	沈阳华晨金杯汽车有限公司	省科技厅	2005 年
52	辽宁省燃气轮机工程技术研究中心	中国一航沈阳黎明航空发动机（集团）有限责任公司	省科技厅	2005 年
53	辽宁省大型风机制造工程技术研究中心	沈阳鼓风机（集团）有限公司	省科技厅	2005 年
54	辽宁省超高压输变电工程技术研究中心	特变电工沈阳变压器集团有限公司	省科技厅	2005 年
55	辽宁省数控机床（沈阳）工程技术研究中心	沈阳机床（集团）有限责任公司	省科技厅	2005 年
56	辽宁省污水处理工程技术研究中心	辽宁北方环境保护有限公司	省科技厅	2005 年
57	辽宁省兴齐眼科药物工程技术研究中心	沈阳兴齐制药有限公司	省科技厅	2005 年
58	辽宁省三生基因工程药物工程技术研究中心	沈阳三生制药有限责任公司	省科技厅	2005 年
59	辽宁省禾丰饲料技术工程技术研究中心	辽宁禾丰牧业股份有限公司	省科技厅	2005 年
60	辽宁省中药工程技术研究中心	辽宁中医药大学	省科技厅	2005 年
61	辽宁省沈阳重型机械集团工程技术研究中心	沈阳重型机械集团有限责任公司	省科技厅	2006 年
62	辽宁省沈阳水泵股份公司工程技术研究中心	沈阳水泵股份有限公司	省科技厅	2006 年
63	辽宁省沈阳中药制药企业工程技术研究中心	沈阳中药制药有限公司	省科技厅	2006 年

续表 4.21

序号	中心名称	依托单位	批准部门	批建时间
64	辽宁省沈阳东方钛业工程技术研究中心	沈阳东方钛业有限公司	省科技厅	2006 年
65	辽宁省沈阳中科博微工程技术研究中心	沈阳中科博微自动化有限公司	省科技厅	2006 年
66	辽宁省沈阳聚得视频工程技术研究中心	沈阳聚得视频技术有限公司	省科技厅	2006 年
67	辽宁省沈阳何氏眼科工程技术研究中心	沈阳何氏眼科医院	省科技厅	2006 年
68	辽宁省三一重型装备有限公司工程技术研究中心	三一重型装备有限公司	省科技厅	2007 年
69	辽宁沈阳大陆激光技术有限公司工程技术研究中心	沈阳大陆激光技术有限公司，沈阳航空航天大学	省科技厅	2007 年
70	辽宁和昌华宝汽车电子有限公司工程技术研究中心	辽宁和昌华宝汽车电子有限公司	省科技厅	2007 年
71	辽宁天久信息科技产业有限公司工程技术研究中心	辽宁天久信息科技产业有限公司	省科技厅	2007 年
72	辽宁省沈阳金德管业集团工程技术研究中心	金德管业集团有限公司	省科技厅	2007 年
73	辽宁沈阳伟嘉牧业技术有限公司工程技术研究中心	沈阳伟嘉牧业技术有限公司	省科技厅	2007 年
74	辽宁沈阳东大迪克化工药业有限公司工程技术研究中心	沈阳东大迪克化工药业有限公司	省科技厅	2007 年
75	辽宁东亚种业有限公司工程技术研究中心	辽宁东亚种业有限公司	省科技厅	2007 年
76	辽宁沈阳新大地现代农业开发有限公司工程技术研究中心	沈阳新大地现代农业开发有限公司	省科技厅	2007 年
77	辽宁省沈阳远大铝业工程有限公司工程技术研究中心	沈阳远大铝业工程有限公司	省科技厅	2007 年
78	辽宁沈阳风力发电装备制造基地有限公司工程技术研究中心	沈阳风力发电装备制造基地有限公司，沈阳工业大学	省科技厅	2007 年
79	辽宁沈阳东昂制药工程技术研究中心	沈阳东昂制药有限公司	省科技厅	2007 年

续表 4.21

序号	中心名称	依托单位	批准部门	批建时间
80	辽宁省沈阳中药制药企业工程技术研究中心	沈阳红药制药有限公司	省科技厅	2007 年
81	辽宁沈阳同方多媒体工程技术研究中心	沈阳同方多媒体科技有限公司	省科技厅	2008 年
82	辽宁沈阳马氏信息技术工程技术研究中心	沈阳马氏信息技术有限公司	省科技厅	2008 年
83	辽宁沈阳协合生物制药工程技术研究中心	沈阳协合生物制药股份有限公司	省科技厅	2008 年
84	辽宁沈阳世润重工工程技术研究中心	沈阳世润重工有限公司	省科技厅	2008 年
85	辽宁沈阳远大科技工程技术研究中心	沈阳远大科技实业有限公司	省科技厅	2008 年
86	辽宁沈阳市中之杰机电设备制造工程技术研究中心	沈阳市中之杰机电设备制造有限公司	省科技厅	2008 年
87	辽宁省沈阳北方交通重工工程技术研究中心	沈阳北方交通重工集团有限公司	省科技厅	2008 年
88	辽宁沈阳北恒铜业工程技术研究中心	沈阳北恒铜业有限公司	省科技厅	2008 年

五、科技中介机构

目前，沈阳市已基本建立起市区逐级分布、种类齐全的各种科技服务机构，形成了多层次、多形式、多渠道的技术交易服务体系。全市共有生产力促进中心 10 余家、科技投融资机构 56 个，2008 年投融资金额达 139 亿元；有国家级高新技术产业开发区 1 个，各类科技园区 21 个，其中大部分都配套建立了科技创业服务中心或科技企业孵化器，为进驻企业提供科技项目申报、政策咨询、技术支持、人员培训、市场策划、投融资等服务；截至 2008 年，共有科技企业孵化器 65 个，其中国家级科技企业孵化器 5 个，孵化器面积达到 271.3 万平方米，在孵企业 3000 家（具体如表 4.22 和图 4.10 所示）。此外，还有相当数量的行业协会和学会、专利代理机构、技术风险投资公司等，都在科技成果转化中发挥着日益重要的作用。可以说，沈阳市目前已经形成了一个职业化的科技服务体系，并取得了良好的经济效益和社会效益，各种技术市场、人才市场、科技评估中心等，已成为转移、扩散科技成果和有效配置科技资源的重要渠道。2008年，全市技术市场共签订技术合同8723项，成交金额达到58亿元。几年来，技术咨询服务机构和各类技术市场已经成为技术合同签订的主体，为技术开发、技术转让、技术服务、技术咨询和科技成果转化作出了重要贡献。

表4.22　2006—2008年沈阳市科技企业孵化器基本情况

指　标	单　位	2006年	2007年	2008年
科技企业孵化器数	家	49	64	65
国家级孵化器	个	3	4	5
科技企业孵化器面积	万平方米	90.2	211.5	271.3
在孵企业数	个	1211	3004	3000

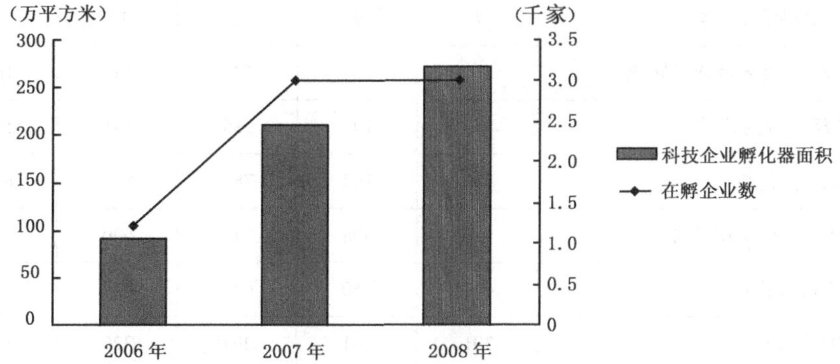

图4.10　2006—2008年沈阳市科技企业孵化器基本情况

第五节　科技成果、专利、技术资源

一、科技成果

科技成果的数量和质量是一个国家或地区科技实力的主要标志，也是检验各项科技计划执行情况和科技工作的重要指标。2004

年以来，沈阳市科技成果数量稳中有升，科技成果质量总体平稳。2008年，全市共登记科技成果855项，其中应用技术成果739项、基础理论成果及软科学成果116项，分别占成果数的86.43%和13.57%。各类成果与2007年度比较，应用技术成果增加10项，基础理论成果及软科学成果数量减少5项。

在推广应用的739项技术成果中，达到国际领先水平的成果49项，占总数的6.63%；达到国际先进水平的312项，占42.22%；达到国内领先水平297项，占40.19%；达到国内先进的81项，占10.96%。科技成果奖353项，其中13项获得国家级科学技术奖，160项获省级科学技术和成果转化奖，180项获市级科技成果奖。见表4.23及图4.11，图4.12。

表4.23　　沈阳市科技成果情况一览表　　项

指　　标	2004年	2005年	2006年	2007年	2008年
科技成果奖励数	334	368	320	331	353
国家级科学技术奖	7	9	12	13	13
省级科学技术和成果转化奖	175	166	123	137	160
市级科技成果奖	152	193	185	181	180
科技成果登记数	752	762	783	850	855
其中：推广应用项目	570	598	645	690	739
应用技术成果	621	640	678	729	739
国际水平	301	291	297	320	361
其中：国际领先	76	116	45	47	49
国际先进	225	175	252	273	312
国内水平	451	471	381	409	378
其中：国内领先	301	281	306	326	297
国内先进	150	190	75	83	81
基础理论成果及软科学成果	131	122	105	121	116

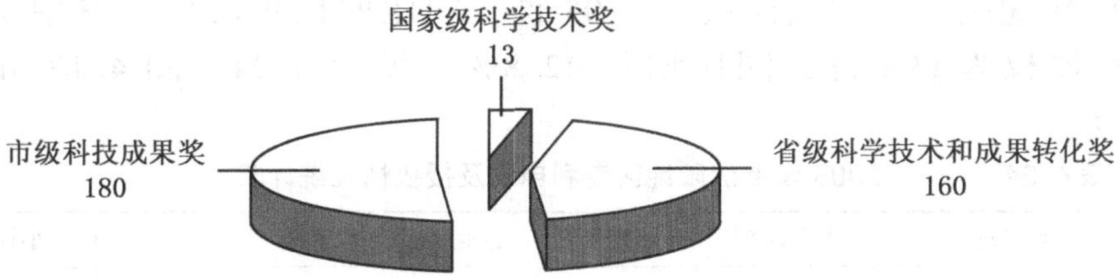

图 4. 11　2008 年沈阳市各级科技成果奖励

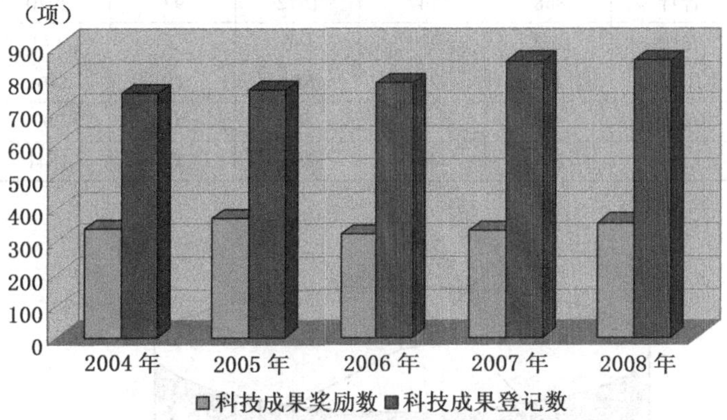

图 4. 12　2004—2008 年沈阳市科技成果情况

二、专　利

专利作为知识产权的一种形式，是科技产出的重要指标，发明专利更是反映了沈阳市自主创新的状况和水平。近年来，沈阳市各级单位的专利保护意识逐年增强，全市专利申请和专利授权数量尤其是发明专利的数量增长很快。2001—2008 年，专利申请数量年均增长 19. 9%，其中发明专利申请年均增长 20. 5%；专利授权数量年均增长 22. 1%，其中发明专利授权年均增长 27. 7%。2007 年，沈阳被评为国家知识产权示范城市创建市，2008 年，专利保护意识较以前年度明显增强，各项指标同比增长幅度创历年新高。沈阳市当年申请专利 6254 件，比 2007 年大幅增长 27. 5%，其中发明专利申请 2680 件，同 2007 年相比增长 17. 6%。从专利授权的数量看，

2008 年沈阳市专利授权数为 3105 件，同比增长 9.02%，其中发明专利授权为 694 件，同比增长 42.8%。见表 4.24、图 4.13 和图 4.14。

表 4.24　　2008 年度沈阳地区专利申请及授权情况统计表　　项

类型		大专院校	科研院所	企业	机关团体	个人	小计
专利申请	发明	448	500	604	77	1051	2680
	实用新型	192	243	780	14	1376	2605
	外观设计	228	4	188	6	543	969
	合计	868	747	1572	97	2970	6254
专利授权	发明	165	209	146	2	172	694
	实用新型	88	278	554	10	1162	2092
	外观设计	16	0	96	0	207	319
	合计	269	487	796	12	1541	3105

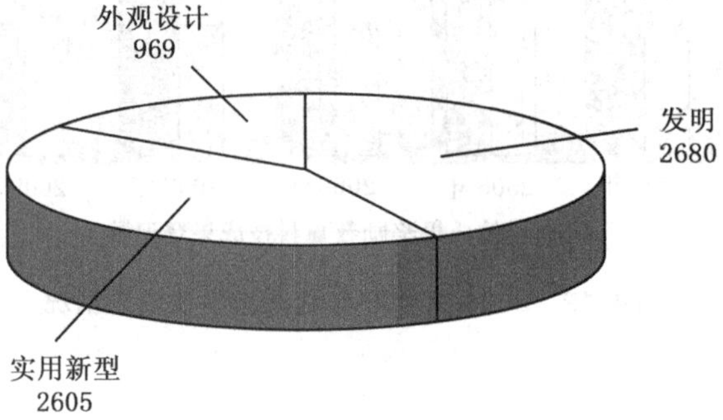

图 4.13　2008 年沈阳市专利申请情况

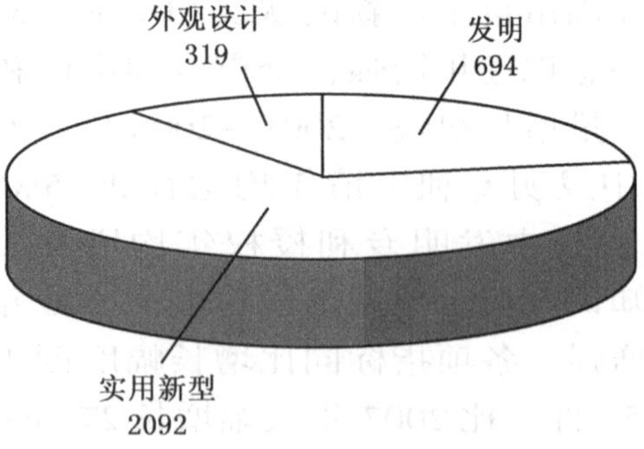

图 4.14　2008 年沈阳市专利授权情况

三、技　术

沈阳市科技资源相对集中，技术市场交易活动持续快速发展，技术交易活跃并已经形成相当的规模。仅 2008 年全市共实现技术交易项目 8723 项，成交金额达 58.06 亿元，分别比 2007 年增长 10% 和 13.77%，技术交易额占全省总额的 50%。

在各类合同中，技术开发合同成交额大幅增长，2008 年共签订技术开发合同 1230 项，比 2007 年增长了 19.3%，占总项数的 14.1%；合同成交金额为 24.68 亿元，比 2007 年下降了 11.2%，占总金额的 42.5%，居主导地位。技术转让合同成交额也略有增长，但成交份数有所下降，2008 年共签订技术转让合同 95 项，比 2007 年下降了 30.1%，占总项数的 1.09%；合同成交金额为 9.88 亿元，比 2007 年增长了 13.3%，占总金额的 17.01%。技术咨询合同成交额与合同数均有增长，尤其是合同成交额有大幅度的增长，2008 年共签订技术咨询合同 3316 项，比 2007 年增长了 3.85%，占总项数的 38%；合同成交金额为 13.9 亿元，比 2007 年增长 154.58%，占总金额的 23.94%。技术服务合同成交额与合同数也均有增长，2008 年共签订技术服务合同 4082 项，比 2007 年增长了 13.58%，占总项数的 52.18%；合同成交金额为 9.59 亿元，比 2007 年增长 6.08%，占总金额的 16.52%。见表 4.25。

表 4.25　　各类技术合同统计表

合同类别	合同数/项	成交额/万元	其中技术额/万元
技术开发	1230	246782.92	218407.02
技术转让	95	98846.02	91138.29
技术咨询	3316	139094.02	137912.21
技术服务	4082	95912.98	89409.44
总　计	8723	580635.94	536866.96

从技术交易的领域来看，技术交易的领域正由过去的制造行业、电子技术占主导地位扩展到环保、能源、生物医药等领域。在技术交易合同项目中，先进制造技术、电子信息、新材料、环保与资源综合利用、城建发展等五大技术领域成为技术交易的主流。据统计，2008 年共成交先进制造技术类合同 604 项，合同成交金额为

14.77亿元，居各类技术领域之首，占总成交金额的25.44%；电子信息技术类合同共成交1535项，成交金额为13.71亿元，在各类技术领域中居第二位。同时新材料及环保资源利用技术等产业发展迅猛，技术合同成交量大幅增加。见表4.26。

表4.26　技术领域分类统计表

代号	技术领域	合　计	
		合同数/项	成交额/万元
1	电子信息技术	1535	137061.72
2	航空航天技术	79	7070.81
3	先进制造技术	604	147719.40
4	生物、医药和医疗器械技术	290	18658.19
5	新材料与其应用	1018	66701.84
6	新能源与高效节能	304	33346.35
7	环境保护与资源综合利用技术	2660	117592.25
8	核应用技术	90	1889.93
9	农业技术	221	3908.47
10	现代交通	73	3863.97
11	城市建设与社会发展	1849	42822.99
总　计		8723	580635.93

第六节　政策条件

增强科技资源整合能力，建设国家创新型城市，关键在于要尽快建立一整套以企业为主体、市场为导向、政府为主导、官产学研紧密结合的科技资源整合体系，调动每一个环节的积极性和主动性，鼓励和促进科技资源体系各环节的全面发展。因此，为了从各个战略层面来有效推进，形成推进科技资源整合的地方性政策和法规体系，国家、省、市各有关部门相继出台了一系列科技资源管理相关政策，促进了沈阳市科技资源整体能力的提高。

一、推动科技体制改革的相关政策

(1)《关于加强技术创新　发展高科技　实现产业化的决定》。

为了从根本上解决科技与经济脱节的问题，克服科技向现实生产力转化能力薄弱、高新技术产业化程度低的障碍，形成有利于科技成果转化的体制和机制，加强技术创新，发展高科技，实现产业化，解决我国经济发展面临的深层问题，进一步提高国民经济整体实力和综合国力，实现跨越式发展，确保中华民族在21世纪立于不败之地，中共中央、国务院在1999年下发了《关于加强技术创新 发展高科技 实现产业化的决定》，从以下四个方面提出了具体措施。

一是要加强技术创新，发展高科技，实现产业化，推动社会生产力跨越式发展。加强技术创新，发展高科技，实现产业化，核心是全面落实邓小平关于“科学技术是第一生产力”“高科技领域的一个突破，带动一批产业的发展”“发展高科技，实现产业化”等重要思想，从体制、机制、政策等方面，促进科技与经济的紧密结合，把我国的科技实力变成现实的第一生产力，使我国的综合国力迎头赶上国际先进水平。要加强对技术创新和高新科技成果商品化、产业化的方向与重点的宏观引导，在充分运用市场机制的基础上，正确发挥政府的宏观调控作用，统筹规划，突出重点，在我国有优势、产业关联度大、市场前景好以及有利于解决国民经济重点、热点、难点问题的技术和产业领域，优选一批重大项目，集中力量，协同攻关，取得突破。

二是要深化体制改革，促进技术创新和高新科技成果商品化、产业化。要促进企业成为技术创新的主体，全面提高企业技术创新能力。在大中型企业要建立健全企业技术中心，加速形成有利于技术创新和科技成果迅速转化的有效运行机制，加强企业与高校、科研机构的联合协作，根据优势互补、利益共享的原则，建立双边、多边技术协作机制。要促使企业主动增加科技投入，高新技术企业每年用于研发的经费要达到年销售额的5%以上。企业的技术改造要以市场为导向，注重发挥已有的基础和潜力，注重与高新技术产业发展相结合；要推动应用型科研机构和设计单位实行企业化转制，大力促进科技型企业的发展，进一步深化科技体制改革，全面优化科技力量布局和科技资源配置；要加强国家高新技术产业开发区建设，形成高新技术产业化基地，使之成为技术创新、科技成果产业化和高新技术产品出口的重要基地，在区域经济发展中，发挥辐射和带动作用；要支持发展多种形式的民营科技企业，从管理制度上保证民营科技企业能够平等地参与政府科技计划项目的竞标；要大力发展科技中介服务机构，尽快制定和完善关于科技中介服务组织的法规，规范其行业行为，加强管理，为加速科技成果的转让提供良好的服务。

三是要采取有效措施，营造有利于技术创新和发展高科技、实现产业化的政策环境。各级财政部门要加大对科技投入的力度，实行财税扶持政策。金融机构要充分发挥信贷的支持作用，积极探索多种行之有效的途径，改进对科技型企业的信贷服务，并培育有利于高新技术产业发展的资本市场，适时在上海、深圳证券交易所专门设立高新技术企业板块。完善科技人员管理制度，尽快建立按岗定酬、按任务定酬、按业绩定酬的分配制度，造就一批适应市场竞争、善于经营管理、勇于开拓创新的技术和经营管理人才，促进科技成果的转化。对下一步科研机构转制为企业的，继续实行国家经贸委管理的 10 个国家局所属科研机构转制所享受的扶持政策。根据各种科技活动的不同特点，实行相应的评价标准和方法，精简奖项数目，提高奖励力度，对在当代科技学术前沿取得重大突破或在科学技术发展中有卓越建树的，在技术创新、科技成果商品化和产业化中，创造巨大经济效益或社会效益的杰出人才实行重奖。加强对知识产权的管理和保护，进一步提高全社会知识产权保护意识和法制观念，加大知识产权保护和执法力度，坚决查处和制裁各种侵权行为，及时有效地处理知识产权侵权和纠纷案件。

四是要加强党和政府的领导，全面推进技术创新，发展高科技，实现产业化。各级党委和政府以及有关部门要充分认识加强技术创新，发展高科技，实现产业化的必要性和紧迫性，切实加强对这项工作的领导，形成具有地方特色和优势的科技与经济发展战略。完善科技立法，进一步强化全局观念和法制观念，从经济、科技、教育和管理等方面全方位加快技术创新与发展高科技，实现产业化进程。

(2)《关于加强技术创新　发展高科技　实现产业化的若干决定》。

为贯彻落实中共中央国务院《关于加强技术创新　发展高科技　实现产业化的决定》精神，迎接 21 世纪知识经济的挑战，依靠技术创新发展高新技术企业，优化产业结构，构筑辽宁省经济发展新优势，推动全省经济持续快速健康发展和社会全面进步，加强实现跨越式发展目标，1999 年 11 月，辽宁省出台了《关于加强技术创新 发展高科技 实现产业化的若干决定》，具体包括以下六方面内容。

一要加强技术创新，发展高科技，实现产业化，努力实现我省跨越式发展的战略目标。世纪之交，辽宁正处在经济结构调整和国有企业改革脱困的重要历史时刻，经济和社会的跨越式发展比以往任何时候都更加迫切地需要技术创新的支撑。全省各级党委、政府必须进一步增强责任感、使命感和紧迫感，切实把加强技术创新与发展高新技术产业作为辽宁省最重要的经济增长点来培育，促进辽宁加速振兴。到“十五”末期，全省工业综合技术水平达到国际 20 世纪 90 年代初期水平，部分达到国际当代水平，高新技术产业在“十五”期间发展速度达到年平均增长 20% 以上，全省高新技术产业产值占当年工业总产值比例达到 20%，科技进步对经济增长的贡献率要达到 50% 左右，其中农业达到 55% 左右。要集中力量在电子信息、生物工程与制药、新材料与精细化工、先进制造技术、高效节能与环保技术等领域实现重点突破。

二要深化科技体制改革，推动科研机构转制，加速高新技术成果商品化、产业化。2000 年底以前，省、市技术开发机构、科技服务型机构和设计单位原则上要转制成科技型企业，也可以整体或部分进入企业或转为中介服务机构。其中，公益性和农业科研机构要进行分类改革：对于具有面向市场能力的科研机构，要转变成科技型企业；对于面向社会提供公共服务，无法得到相应经济回报的科研机构，在调整结构、分流人员的基础上，按照非营利性机构的机制运行和管理。

三要搞好高新技术产业开发区和孵化基地建设，大力发展高新技术产业。高新技术产业开发区管委会要深化管理体制改革，实行目标管理责任制和与绩效挂钩的分配制度；高新区基础设施建设作为城市建设的重点，要纳入所在市城市建设计划，所需资金由市政府负责统筹，要建立独立的财政机构，高新区和创业服务中心、海外学子创业园要在土地、税收等方面给予优惠政策。

四要放活、吸引技术创新人才，促进高新技术成果转化。制定积极的税收、奖励、户籍政策，吸引并鼓励科研机构、高等学校的科技人员、在校研究生、在站博士后，以及海外留学、定居人员在辽宁省转化高新技术成果，领办、创办高新技术企业。同时，设立“科技功勋奖”，用于奖励在推动技术创新，发展高科技，实现产业化中作出突出贡献的人员。

五要加速企业技术创新体系建设，进一步调动企业科技人员的积极性。企业是技术创新主体，为了切实加强企业技术开发中心的建设，全面提高技术创新能力，辽宁省重点扶持60家国有大企业，按照新体制、新机制建设企业技术开发中心，建立技术创新目标责任制和与现代企业制度相适应的收入分配制度，抓好智力引进工作，研究吸引科技人员、留住人才和充分发挥人才作用的措施办法，充分调动企业科技人员的积极性；鼓励企业引进国外先进技术，并加速进行消化吸收和创新，同时大幅度提高技术开发经费，使企业成为技术开发投入的主体。要引导各种技术创新服务机构、技术评估机构及技术经济机构等中介机构，为加速科技成果转化提供良好的服务，并使民营科技企业在科技立项、融资等方面与国有企业一视同仁。

六要加强领导，推动技术创新和高新技术产业的发展。各级党委和政府要统一思想，切实转变工作作风，把加强技术创新，发展高科技，实现产业化列入重要的议事日程，加强技术创新领导体系的建设，建立高效、统一、强有力的决策指挥系统，创造性地开展工作，制定优惠政策，推动技术创新和高新技术产业的发展，切实保证各项政策规定的落实。

二、促进高新技术产业发展的相关政策

(1)《关于加速国家高新技术产业开发区发展的若干意见》。

改革开放以来，我国在经济建设和科学技术发展上取得了令世人瞩目的成就，其中高新区的建设与发展是一个耀眼的亮点。高新区已经成为当地经济、投资回报率高、创新能力强、极具发展前景的经济增长点。全国53个高新区已累计开发土地面积273.36平方千米，已建立高新技术企业1.6万家，其中技工贸总收入亿元以上的高新技术企业达到678家，创造了184万个就业岗位。1998年，

实现技工贸总收入4839.6亿元，工业总产值4333.6亿元，利税477亿元，出口85.3亿美元。1991—1998年，上述指标的年平均增长率分别为77.5%，79.8%，69.4%，73.5%。高新区的勃勃生机与崭新形象给所在城市带来了希望，成为当地自主开发、产业发展、引智引资和对外展示的热点。

高新区在技术创新方面取得了明显进展。目前，高新区有54万科技人员，100多家孵化高新技术企业的创业服务中心；高新区企业产品的主要技术来源于国内和企业自有技术的占76%；有5272项国家自然科学基金、攀登计划、“863”计划、国家和地方攻关计划、国家和地方火炬计划、国家成果推广计划项目在高新区实现产业化，产生了众多的名牌产品和杰出的企业家群体。高新区已初步具备了我国高新技术产业发展基地的基本条件。

建设和发展国家高新技术产业开发区是落实科技是第一生产力思想，实施科教兴国战略，发展高科技，实现产业化，迎接新技术革命挑战的重要战略措施。但是，高新区的发展在全国并不平衡，某些高新区的产业特色不够鲜明，没有形成支柱产业，多数高新技术企业的创新能力还有待提高。为此，科学技术部于1999年8月11日印发了《关于加速国家高新技术产业开发区发展的若干意见》，明确提出了以下几点。

第一，新形势下高新区发展的战略目标与任务。战略目标：强化创新能力，加快高新技术产业发展步伐，建立具有自主知识产权的高新技术支柱产业；用5年左右时间使53个高新区的经济规模再翻一番，超过1万亿元，其他经济指标同步增长；大力提高高新区的整体发展质量，把高新区建设成为高新技术产业化的基地、高新技术产品出口的基地、高新技术企业孵化的基地、高新技术企业家迅速成长的基地、技术创新的示范区、改革开放的先行区和带动两个文明建设的新社区，使高新区的特色更加鲜明，发展更加迅速，作用更加显著。任务：由注重招商引资和基本建设向注重创新质量和优化配置科技资源转移；由扩大建设项目向优化创业、创新环境转移；由产业分散向集中优势、发展特色产业转移。大力发展具有自主知识产权和国际竞争力的支柱产业，为我国产业升级和结构调整、提高经济发展的质量和效益、为科教兴国与可持续发展作出贡献。

第二，要优化创业环境。要营造创业环境，紧密结合本地实际情况，抓紧制定地方性政策，加强制度创新，保持高新区精简、高效、服务的体制和机制，激励科技人员、企业家创业，大力推动企业技术创新，进一步增强高新区创新能力，推动支柱产业更快地发展，为科技产业化发展提供良好的条件；要积极配合地方人大推进高新区的法制建设，将高新区管理与发展纳入法制化轨道；要树立尊重知识、尊重人才、尊重创业者的良好风尚，形成高新区的创业文化和氛围，要以多种方式弘扬创业精神，鼓励创业致富，宣传创业者业绩，树立创业者形象，引导科技企业建立现代企业文化，逐步形成浓厚的创业文化环境；要按照国际环境管理体系和质量体系认证标准，进一步完善基础设施和社区环境建设，制定政策区建设发展规划，搞好大学、科研机构和科技街的周边环境，改善科技人员的住房、交通、通讯条件和生活服务设施，逐步将政策区建设成为依托大学、研究院所和高新技术企业发展，环境优美、交通便利、服务完善、社区管理优良的科学园区和文明社区。

第三，要进一步完善高新区创业服务体系。高新区创业服务体系的建设是将孵化服务机构、创业资本市场和信息网络构成一个完整的体系，实现官、产、学、研、资、介、贸的有机结合，更加有效地推进科技产业化进程，促进科技型中小企业迅速成长。其中，科技企业孵化机构是高新区创业服务体系的核心，各级政府、科技管理部门和高新区要进一步支持高新技术创业服务中心建设，落实有关政策，有条件的地方要依托大学、科研机构和大型高新技术企业，办好大学科技园、软件科技园、留学人员创业园、行业或专业技术孵化器、国际企业孵化器、海外孵化基地、孵化器网络，并建立生产力促进中心，以更加专业化、网络化、国际化的方式推动科技成果的转化和科技产业化的发展，加强对区内科技型中小企业的服务。同时要建立以企业投资资金、科技型中小企业创新资金、创业孵化资金和担保资金等为重要内容的创业资本市场，为科技创业者创业和科技型中小企业发展提供投融资服务。此外，还要集中力量搞好信息网络设施的建设，充分利用现有的科研、教育、产业、金融、贸易网络和因特网等资源，提供良好的信息服务，缩小地域差距，拓展发展空间，实现区内外、国内外产业化资源的优化组合。

第四，要开发人力资源，提高队伍素质。要制定发现、吸引、培养和保护科技创新人才、高素质管理人才的政策、措施和规划，培养具有超前意识、创业精神、善于开拓、既懂技术又懂经济和市场、了解科技产业化规律、具有国际先进管理知识的复合型高素质创业人才和管理人才，以多种方式鼓励科技人员和海外留学人员创业，解决吸引创业人才中的各种难题，逐步形成一支能够在国际市场上一争高下的企业家队伍。

第五，扶持具有自主知识产权的科技型中小企业。高新区要积极扶持具有自主知识产权的高新技术企业，形成特色支柱产业，辐射和改造传统产业，努力孵化和培育科技型中小企业，提高其成功率，使其成为发展新兴产业的基本力量，要认真调查研究在高新技术前沿阵地的外国企业知识产权的分布格局，探讨我国高新技术产业的知识产权策略，要充分发挥高新区技术创新和产业发展的辐射带动作用，加强与区域经济发展的融合。

第六，要进一步推进国际化进程。要进一步扩大开放，努力开拓国际市场，发挥招研引智和自主创新的互补作用，支持区内企业与跨国高技术公司建立战略伙伴关系，为科技产业的国际化提供良好的服务，鼓励与国外企业孵化器、科学园区建立各种形式的合作关系，共建国际企业孵化器和海外孵化基地，推动中小科技企业实现跨国合作与经营，形成技术创新的国际化格局，同时采取切实措施办好中国亚太经济合作组织科技工业园区和高新技术产品出口加工区。

第七，要加强管理，提高整体水平。科技部将根据高新区评价指标体系进行动态管理，建立优化机制，实行分类引导、定期评估、总量控制、优上劣下、突出重点、抓好示范。

（2）《进一步加强科技与金融结合　促进辽宁省高新技术产业发展的若干意见》。

为认真贯彻落实《关于加强技术创新　发展高科技　实现产业化的决定》和辽宁省委、辽宁省人民政府技术创新大会精神，充分发挥信贷资金对发展高新技术产业的支持作用，加速辽宁省产业结构的优化，构筑辽宁省经济发展新优势，推动全省经济持续快速健康发展，辽宁省科委和省工商行于1999年11月联合制定了《进一步加强科技与金融结合　促进辽宁省高新技术产业发展的若干意见》，明确提出以下七点。

第一，要提高认识，促进科技与金融紧密结合。要充分估量未来科学技术，特别是高科技发展对综合国力、社会经济结构和人民生活的巨大影响，把加速发展高新技术产业化放在经济社会发展的突出位置，尽快形成有利于辽宁省高新技术产业发展的新的金融体制和运行机制。

第二，要强化对科技金融结合的组织协调。省科委和省工商银行将联合组成科技开发贷款管理机构，每年召开一次联席办公会议，明确年度科技开发贷款的投放方向、规模，研究、协调资金落实和贷后项目实施过程中出现的各种问题，制定全年科技开发贷款计划，总结部署科技与金融结合工作。并每年举办一次有工商银行、科委与科技企业家参加的科技、金融对接会；每季度召开一次调度会；每年举办一次科技企业家与金融家的联谊会。

第三，营造有利于技术创新和发展高科技、实现产业化的信贷环境。要充分发挥金融的信贷作用，积极探索各种行之有效的途径，改进对科技型企业的信贷服务，优先安排科技开发贷款，拓展贷款范围及对象。

第四，建立科技与金融部门共同管理高新技术产业化贷款计划的新机制。省科委会同省工商银行，按照市场经济的模式，本着“有限目标、突出重点、择优扶强”的原则，结合辽宁省科技经济发展的方针、政策、发展战略，围绕国家、省（市）下达的各类科技计划，通过公开、公正、客观的审定，从中优选出符合信贷要求，具有高科技含量、高附加值、高市场占有率、高效益的高新技术产业化项目，实施立项、论证、评估、贷款等方面的协调管理，共同制定辽宁省高新技术产业化贷款计划。

第五，优先支持的科技开发贷款项目有高新技术企业开发的高新技术项目、科技型中小企业开发的高新技术项目、“1355”工程中的高新技术产业化项目、已列入国家（省）各类重点计划的高新技术项目和高新技术出口创汇项目。

第六，简化贷款申报、评估、审批程序。在保证科技信贷资产质量的前提下，简化科技开发贷款的申报、评估、审批程序，提高工作效率，确保贷款资金的尽快到位，保证科技开发贷款项目如期达产达效。

第七，科技开发贷款资金落实后，科委将会同工商银行及时进行跟踪调查，加强贷后管理，防范贷款风险。

三、促进科技成果转化的相关政策

(1)《关于促进科技成果转化的若干规定》。

为了鼓励科研机构、高等学校及其科技人员研究开发高新技术，转化科技成果，发展高新技术产业，进一步落实《中华人民共和国科学技术进步法》和《中华人民共和国促进科技成果转化法》，科技部等7部门联合制定了《关于促进科技成果转化的若干规定》，明确提出以下三点。

第一，要鼓励高新技术研究开发和成果转化。科研机构、高等学校及其科技人员可以采取多种方式转化高新技术成果，创办高新技术企业；科研机构、高等学校转化职务科技成果，应当依法对研究开发该项科技成果的职务科技成果完成人和为成果转化作出重要贡献的其他人员给予奖励；国有科研机构、高等学校持有的高新技术成果在成果完成1年后未实施转化的，科技成果完成人和参加人在不变更职务科技成果权属的前提下，可以根据与本单位的协议进行该项科技成果的转化，并享有协议约定的权益；对科技成果转化执行现行的税收优惠政策；科技人员可以在完成本职工作的前提下，在其他单位兼职从事研究甘特图成果转化活动。

第二，保障高新技术企业经营自主权。科技人员创办高新技术企业，应当贯彻“自愿结合、自筹资金、自主经营、自负盈亏、自我约束、自我发展”的原则，应当遵守国家的法律法规，遵从与本单位签订的协议；要妥善解决集体性质高新技术企业中历史遗留的产权关系不清问题；允许国有和集体性质的高新技术企业吸收本单位的业务骨干参股，以增强企业的凝聚力，企业实行公司制改造时，允许业务骨干作为公司发起人；国有科研机构、高等学校与其投资创办的高新技术企业要实行所有权与经营权分离，合理确定投资回报比例，为企业留足发展资金。

第三，要为高新技术成果转化创造环境条件。各地方要支持高新技术创业服务中心(科技企业孵化器)和其他中介服务机构的建设与发展，有关部门在资金投入上要给予支持，政策上要给予扶持，高新技术创业服务中心和其他中介服务机构要按照社会主义市场经济办法，以市场为导向，为转化科技成果做好服务，求得发展；政府利用竞标择优机制，以财政经费支持科技成果转化，包括采用投资、贷款贴息、补助资金和风险投资等形式支持成果转化活动。

（2）《关于加强产学研合作　促进科技成果转化的若干政策》。

为了贯彻落实科学发展观，有效整合沈阳的科技资源，推动沈阳市企业与科研院所、高等院校开展广泛合作，建立产学研相结合的工作机制，促进科研成果在本地转化，加大对专利技术转化的扶持力度，2008 年，沈阳市科技局制订了《关于加强产学研合作　促进科技成果转化的若干政策》。

该政策提出，在市级年度科技计划中，设立产学研合作及科技成果转化计划专项，对产学研合作项目给予重点支持。鼓励企业购买科研院所、高等院校的科研成果和专利技术。在沈企业购买科研成果或专利技术并实现产业化的，在市级年度科技创新资金用于促进科技成果转化额度内，对转让交易额 50 万元以上、转让投资额 500 万元以上并取得实际效果的认定项目，按照转让交易额的 10% 给予支持，总资助额度不超过企业上一年度缴纳税收地方留成部分，且不超过 100 万元；鼓励在沈科研院所、高等院校的科研成果和专利技术就地转化，对就地转化并实现产业化项目，比照第二条给予支持；鼓励在沈企业与科研院所、高等院校以各种方式组成产学研战略联盟，共同承担国家、省、市科技计划项目，联合开展科技攻关、技术开发、培养人才等活动。对企业与科研院所、高等院校联合申报项目，市科技计划给予重点支持；鼓励在沈科研院所、高等院校以科技成果、专利技术进行科技招商，吸引投资者（企业）来沈投资。对引资 3000 万元（含 3000 万元）以上的项目，市级科技计划将对合作项目给予不低于 100 万元的支持；实施知识产权战略，加强产学研联盟的知识产权保护，鼓励企业与科研院所、高等院校联合研发新技术、新产品、新工艺，形成自主知识产权、自主品牌。对于产学研合作项目申请专利的，按照有关标准予以资助；鼓励在沈企业与科研院所、高等院校联合共建工程技术研究中心、重点实验室。对新批准的企业与科研院所、高等院校联合共建的国家、省、市级工程技术研究中心，分别给予200万元、50万元、30万元的专项资金支持；对在沈企业依托科研院所、高等院校在企业中建立的国家级重点实验室给予200万元的专项资金支持；建立和完善产学研合作融资平台，对于开展学研合作的企业优先提供科技融资担保、风险担保、三板上市等服务，促进有条件的企业上市融资；对企业与科研院所、高等院校产学研合作中的技术转让、技术开发及相关技术咨询、技术服务合同，经认定登记，所获得的收入可免征营业税。技术转让及在技术转让过程中发生的技术咨询、技术服务、技术培训所得，500万元以下的免征企业所得税，超过500万元以上部分减半征收企业所得税。新技术、新产品、新工艺的研究开发费用可在计算应缴纳税所得额时加计扣除。

(3)《关于促进自主创新成果产业化的若干政策》。

改革开放以来，我国自主创新成果产业化取得显著的成绩，但也存在企业技术创新能力不强，自主创新成果转移机制不健全，工程化和系统集成能力薄弱，产业化资金难以筹措，配套政策措施不到位等突出问题。《国务院关于印发实施〈国家中长期科学和技术发展规划纲要（2006—2020年）〉若干配套政策的通知》要求，为加快推进自主创新成果产业化，提高产业核心竞争力，促进高新技术产业的发展，国家发展改革委、科技部、财政部、教育部、人民银行、税务总局、知识产权局、中科院、工程院于2008年12月15日联合制订了《关于促进自主创新成果产业化的若干政策》，从五个方面提出促进自主创新成果产业化的具体政策措施。

第一，要培育企业自主创新成果产业化能力。一是要提高企业的技术开发和工程化集成能力，二是要启动实施自主创新成果产业化专项工程，三是要切实落实促进自主创新成果产业化的税收扶持政策。

第二，要大力推动自主创新成果的转移。完善自主创新成果发布机制，鼓励高等院校和科研机构向企业转移自主创新成果，鼓励科研人员开展自主创新成果产业化活动。

第三，要加大自主创新成果产业化投融资支持力度。各级人民政府要根据财力的增长情况，继续增加投入；加快发展创业风险投资，鼓励按照市场机制设立创业风险投资基金，扶持承担自主创新成果产业化任务企业的设立与发展；加大对自主创新成果产业化项目的信贷支持力度，并加强担保机构等融资支撑平台建设。

第四，要营造有利于自主创新成果产业化的良好环境。具体包括：积极推动自主创新成果转化为技术标准；加快自主创新成果产业化市场环境建设；建立健全自主创新成果产业化中介服务体系；积极培育自主创新成果产业化人才队伍。

第五，要切实做好组织协调工作。加强自主创新成果产业化的引导和协调，抓紧制定和完善具体落实措施。

四、完善科技中介机构建设的相关政策

（1）《关于促进辽宁省科技中介发展的意见》。

促进科技中介发展是提高区域创新能力的必然选择，是实现老工业基地全面振兴的现实要求，有助于科技创新资源的优化配置，降低创新成本，化解创新风险，能够活跃和促进企业技术创新，加速科技成果产业化进程，从而促进区域产业结构的优化升级和创新能力的提高。但从总体上看，我省的科技中介服务仍存在着发展不平衡，门类不齐全，服务水平、服务质量和人员素质偏低，公共信息基础设施薄弱，人才队伍建设滞后，人才培养机制不完善等问题，远远不能满足建设国家新型产业基地和实现老工业基地全面振兴的需要，成为区域创新体系建设中亟待加强的薄弱环节。为深入贯彻落实《中共辽宁省委　辽宁省人民政府关于提高科技创新能力　加快老工业基地振兴的决定》精神，促进辽宁省科技中介的发展，不断提升科技创新能力，推动科技与经济紧密结合，支撑辽宁老工业基地实现全面振兴，辽宁省科技厅于 2007 年 12 月制定了《关于促进辽宁省科技中介发展的意见》。

该意见指出，促进科技中介发展的指导思想是：深入贯彻落实科学发展观，以提升企业技术创新能力，加快建立以企业为主体、市场为导向、产学研相结合的技术创新体系为重点，结合辽宁实际，引导社会力量大力兴办各类科技中介机构，鼓励社会各类中介机构和研究与服务机构开展多种形式的科技服务，引导和支持创新要素向企业集聚，提高科技创新服务能力，为建设国家新型产业基地和实现老工业基地全面振兴提供有力支撑。其主要目标是：利用

5 年左右的时间，培育一批服务专业化、发展规模化、运行规范化的骨干科技中介机构；造就一支具有较高专业素质的科技中介服务队伍；建立起有利于科技中介健康发展的组织制度、运行机制和政策法规环境；推动科技中介全面发展，基本形成科技创新服务体系，满足全省科技创新的服务需求。

该意见进一步指出，促进科技中介发展，要培育科技中介服务主体和鼓励科技中介服务创新，具体包括：一是组织和引导专业技术力量创办与发展中介机构；二是培育一批骨干科技中介机构，打造精品服务项目和品牌，提升服务质量和水平，发挥示范带头作用；三是推动科技中介机构向国际化发展；四是鼓励有条件的社会各类中介机构和研究与服务机构开展多种形式的科技中介服务；五是大力培育和发展各类科技中介行业协会。

此外，还要进一步营造良好的科技中介发展环境。加大对科技中介机构的资金支持力度；加大对科技中介机构的税收优惠政策扶持力度；鼓励投融资类中介机构的发展；鼓励中介服务者积极开展科技中介服务；积极推进政府采购科技中介服务工作；加强科技中介服务网络化建设；加强科技中介人才队伍建设；鼓励相关科技中介行业协会推行科技咨询（中介）职业水平评价制度，建立科技咨询（中介）职业水平评价体系。

（2）《关于促进科技企业孵化器发展的政策》。

2006 年，沈阳市科技局下发了《关于促进科技企业孵化器发展的政策》，该政策是沈阳专门针对促进孵化器发展的首个政策，提出了解决孵化器的认定、资金来源等相关问题的政策。

该政策明确设立市孵化器建设专项资金，用于支持孵化器建设和扶持在孵企业发展，鼓励发展企业孵化器。对孵化器实行资格认定制度，对通过认定的市级孵化器提供一次性无偿资助，根据其投资规模确定的最高资助额不超过 200 万元。市科技计划对孵化器中的共享技术平台建设给予优先立项支持。

该政策同时加大了税收方面的支持力度。国家级孵化器自认定之日起，按照国家规定，在一定期限内免征营业税、所得税、房产税和城镇土地使用税。市级孵化器由各区、县（市）财政参照国家政策，按照其当年所缴纳的上述税种地方留成部分给予 50% 补贴，市孵化器建设专项资金按照1:1配比。在沈阳市投资新建、改建或扩建孵化器，经认定为市级孵化器的，其缴纳的土地出让金和配套费，所在区、县（市）财政按照一定比例返还，市孵化器建设专项资金给予适当补助。孵化器内的在孵科技企业，其缴纳所得税地方留成部分，同级财政可予以补贴。鼓励各类创业投资机构、担保机构为孵化器或在孵企业提供投融资服务，市、区两级财政可按照其投融资的一定比例给予资助。允许孵化器的经营者和管理骨干实行年薪或股权激励制度。经双方同意，孵化器经营者可获取在孵企业的认股权或购买在孵企业的期权股份。

五、培养和引进科技人才的相关政策

（1）《关于进一步加强高技能人才工作的意见》。

高技能人才是我国人才队伍的重要组成部分，是各行各业产业大军的优秀代表，是技术工人队伍的核心骨干，在加快产业优化升级、提高企业竞争力、推动技术创新和科技成果转化等方面，具有不可替代的重要作用。当前，高技能人才的总量、结构和素质还不能适应经济社会发展的需要，特别是在制造、加工、建筑、能源、环保等传统产业和电子信息、航空航天等高新技术产业，以及现代服务业领域，高技能人才严重短缺，已成为制约经济社会持续发展和阻碍产业升级的“瓶颈”。为贯彻落实《中共中央　国务院关于进一步加强人才工作的决定》和《中共中央　国务院关于实施科技规划纲要　增强自主创新能力的决定》精神，加快高技能人才队伍建设，充分发挥高技能人才在国家经济社会发展中的重要作用，中共中央办公厅、国务院办公厅于2006年4月18日联合下发了《关于进一步加强高技能人才工作的意见》。

当前和今后一个时期，高技能人才工作的目标任务是，加快培养一大批数量充足、结构合理、素质优良的技术技能型、复合技能型和知识技能型高技能人才，建立培养体系完善、评价和使用机制科学、激励和保障措施健全的高技能人才工作新机制，逐步形成与经济社会发展相适应的高、中、初级技能劳动者比例结构基本合理的格局。到“十一五”期末，高级技工水平以上的高技能人才占技能劳动者的比例达到25%以上，其中技师、高级技师占技能劳动者的比例达到5%以上，并带动中、初级技能劳动者队伍梯次发展。力争到2020年，使我国高、中、初级技能劳动者的比例达到中等发达国家水平，形成与经济社会和谐发展的格局。

该意见从五个方面提出了具体措施。

第一，要完善高技能人才培养体系，大力加强高技能人才培养工作。一是动员社会各方面力量开展高技能人才培养工作，针对经济社会发展实际需要，健全和完善以企业行业为主体、职业院校为基础、学校教育与企业培养紧密联系、政府推动与社会支持相互结合的高技能人才培养体系。二是以企业行业为主体，开辟高技能人才培养的多种途径。行业主管部门和行业组织要结合本行业生产、技术发展趋势和高技能人才队伍现状，做好需求预测和培养规划，提出本行业高技能人才合理配置标准，指导本行业开展高技能人才培养工作。三是建立高技能人才校企合作培养制度。四是支持和鼓励职工参加职业技能培训。鼓励广大职工学习新知识和新技术，钻研岗位技能，积极参与技术革新和攻关项目，不断提高运用新知识解决新问题、运用新技术创造新财富的能力。五是加强高技能人才培训基地建设，充分发挥现有教育培训资源的作用，依托大型骨干企业（集团）、重点职业院校和培训机构，建设一批示范性国家级高技能人才培训基地。

第二，要以能力和业绩为导向，建立和完善高技能人才考核评价、竞赛选拔和技术交流机制。一是健全和完善高技能人才考核评价制度，大力加强职业技能鉴定工作，积极推行职业资格证书制度，进一步突破年龄、资历、身份和比例限制，加快建立以职业能力为导向、以工作业绩为重点，注重职业道德和职业知识水平的高技能人才评价体系。二是广泛开展职业技能竞赛活动，引导社会各方面力量，开展各种形式的岗位练兵和职业技能竞赛等活动，为发现和选拔高技能人才创造条件。三是积极组织高技能人才技术交流活动。

第三，要建立高技能人才岗位使用和表彰激励机制，激发高技能人才的创新创造活力。一是健全高技能人才岗位使用机制。进一步推行技师、高级技师聘任制度，充分发挥技师、高级技师在技能岗位的关键作用。同时鼓励企业根据自身发展需要，探索建立高技能人才带头人制度。二是进一步完善高技能人才激励机制。引导和监督企业根据市场需求和经营情况，完善对高技能人才的激励办法，对优秀高技能人才实行特殊奖励政策。三是以政府奖励为导向，企业奖励为主体，辅以必要的社会奖励，对作出突出贡献的高技能人才进行表彰和奖励。

第四，要完善高技能人才合理流动的社会保障机制，提高高技能人才配置和保障水平。一方面引导高技能人才按需合理流动，坚持以市场为导向，依法维护用人单位和高技能人才的合法权益，保证人才流动的规范性和有序性；另一方面完善高技能人才社会保障制度，在进一步落实好高技能人才社会保障权益的同时，做好高技能人才在不同所有制单位、不同性质单位、不同行业和跨地区流动中社会保险关系的接续工作，逐步突破部门、行业、地域和所有制的限制。

第五，要加大资金投入力度，建立政府、企业、社会多渠道筹措的高技能人才投入机制，并同时做好高技能人才基础性工作。

（2）《关于加强专业技术人员继续教育工作的意见》。

继续教育是提高专业技术人员创新能力和整体素质的重要途径，对于建设高素质、创新型的专业技术人才队伍，增强自主创新能力，建设创新型国家，具有重要作用。为贯彻落实中共中央 国务院《关于进一步加强人才工作的决定》，全面加强专业技术人才队伍建设，按照《国家中长期科学和技术发展规划纲要（2006—2020）》和《干部教育培训工作条例（试行）》的要求，人事部、教育部、科学技术部、财政部于2007年6月30日联合制定了《关于加强专业技术人员继续教育工作的意见》。

该意见提出，加强专业技术人员继续教育工作的指导思想是：以邓小平理论和“三个代表”重要思想为指导，大力实施科教兴国战略和人才强国战略，深入贯彻落实党中央、国务院建设学习型社会、大规模培训干部、大幅度提高干部素质的要求，紧紧围绕《国家中长期科学和技术发展规划纲要（2006—2020）》和经济社会发展的需求，以能力建设为核心，以高层次创新型专业技术人才为重点，有计划、分领域、分类别、分层次地开展大规模的继续教育活动，不断提高专业技术人才队伍的创新能力和整体素质。大力提升继续教育地位，加强继续教育基础，完善继续教育制度，提高继续教育质量，不断增强继续教育的针对性、实效性和吸引力，推动继续教育事业又好又快发展。

该意见还提出，要以培养高层次创新型专业技术人才为重点，开展大规模的继续教育活动。一是加快实施专业技术人才知识更新工程，重点是现代农业、现代制造、信息技术、能源技术和现代管理五大领域；二是大力开展高层次创新型人才的继续教育；三是加强专业技术人员继续教育的统筹规划和分类指导；四是组织实施专业科目和公需科目培训，其中专业科目培训是继续教育的主要内容，主要由各行业主管部门组织，施教机构和用人单位具体实施，公需科目学习是专业技术人才拓展知识、开阔眼界、启发创新思维的重要途径，由人事部门会同有关行业主管部门统一组织开展；五是结合产业结构调整和企业技术改造、科技创新及新技术、新设备的引进，以提高企业专业技术人员自主创新能力为重点，广泛开展企业继续教育活动；六是加强非公有制经济组织继续教育。

要加强法制建设，推进专业技术人员继续教育工作的制度化和法制化。一是加快研究制定全国专业技术人员继续教育条例，继续推动地方和行业部门继续教育法规制度建设，使我国的继续教育工作逐步纳入制度化、法制化轨道；二是建立和完善包括继续教育登记制度、继续教育评估制度和继续教育考核和激励机制在内的相关管理制度，并将继续教育纳入人才工作整体统计体系之中；三是总结近年来举办高级研修班等示范性继续教育活动的经验，完善了专业技术人员高级研修制度。

要创新培训形式，完善服务措施，加强专业技术人员继续教育服务体系建设。一是不断拓展继续教育的新形式，要因地制宜、按需施教，重在学以致用，取得实效。根据不同项目、不同层次专业技术人才的特点，精心设计培训方案，综合运用多种培训形式，为专业技术人员提供“量身合体”的继续教育服务。二是加强继续教育基础建设，要按照兼职为主、兼专结合的原则，加快培养建设一支政治优良、业务精通、经验丰富的继续教育师资队伍，要加强专业技术人员继续教育的研究，要组织编写一批高质量的继续教育专业科目和公需科目教材，并不断更新完善。三是要调动各方面的积极性，充分利用现有的办学条件，加强继续教育施教机构建设。四是积极发挥行业协会和相关中介机构的作用，推动继续教育事业的发展。五是积极开展继续教育国际培训与交流活动。

该意见要求加强西部、东北地区等老工业基地和中部地区专业技术人员继续教育工作。要加大倾斜支持力度，统筹不同区域之间继续教育工作的协调发展，在政策及重点项目等方面，给予西部、东北和中部地区必要的指导、帮助与支持。要探索建立专业技术人员继续教育对口支援制度，并做好西部地区少数民族科技骨干特殊培养工作。

第七节　沈阳市支柱产业总体情况

沈阳作为老工业基地，经过半个多世纪的建设和改造，形成了以机械工业为主，原材料和化学工业为辅，包括冶金、建材、汽车、医药、石化、轻工、纺织、电子、航空航天、农产品深加工等门类齐全的综合性工业体系。在全国 164 个工业产业门类中，沈阳就有 142 个，占 86.6%。经过“十五”以来大规模的结构调整、战略重组和对内对外开放，沈阳市确定了东、西、南、北四个城市区域各有侧重的工业发展新格局。沈阳西部工业走廊不仅汇聚了沈阳机床、沈阳鼓风、远大等一批巨无霸企业新建成的世界一流厂区，还吸引到美国普洛斯、法国米其林、比利时贝卡尔特等一大批跨国公司争相入驻。沈北新区已经拥有超过 400 家科技型企业、70 余家科研院所，2007 年，全区规模以上工业总产值达到 627 亿元，同比增长 67%；地方财政收入 35 亿元，同比增长高达 237%。东部汽车产业建设着力打造产值千亿元产业集群。处于沈阳南部的浑南新区按照突出发展高新技术产业的发展战略，实现了高新技术产业和现代服务业协调互动发展，已经形成了以电子信息、先进装备制造、生物与医药、新能源与高效节能、新材料为重点的高新技术产业基础，带动了全市高新技术产业高速增长。2008 年，高新技术产业实现产值 470 亿元，占工业的比重达 80% 以上。新区高新技术产业已经成为沈阳乃至全省高新技术产业的中坚力量，涌现出一批以东软集团、奥维通信、新松机器人等为代表的骨干企业，形成高新技术产业集群的发展态势。同时，2008 年 2 月获批的沈阳国家航空高技术产业基地又成为沈阳发展航空制造业，建设民用支线飞机研发、设计和总装的全新基地。

“工业立市”是沈阳市经济发展的重大战略决策，是进一步落实科学发展观，坚持走新型工业化道路的正确抉择。目前，沈阳市已经将机械装备、汽车及零部件、医药化工、黑色金属冶炼及压延、有色金属冶炼及压延、农副产品加工、航空航天、电子信息八个优势产业作为发展的重点。仅2007年，八大优势产业就完成产值3901亿元，占全市规模以上工业产值的81.5%，实现工业增加值1100亿元，拉动全市工业增长36.5个百分点，支撑带动作用突出。汽车及零部件产业增幅居八个产业之首，增幅接近1倍；装备制造业增长超过50%。以上海通用北盛、华晨金杯和宝马、航天三菱发动机、远大、沈重、特变电工、九星、沈阳乳业、万顺达、蒙牛乳业等为代表的骨干企业都实现了50%以上的快速增长。华晨金杯销售收入突破百亿元，沈阳机床、华晨宝马、上海通用北盛、远大正在向百亿元目标逼近。以项目建设为核心，以自主创新为动力，产业、经济、地区结构发生重大转变，骨干企业加快发展，工业发展正在积聚和形成新的增长力量。沈阳工业发展的空间已经拉开，工业集中度日趋合理，这将对沈阳工业发展产生深远的影响。随着八个优势产业骨架日趋硬朗，沈阳正建立起全新的工业体系，一个长期的工业发展脉络已经形成。见图4.15。

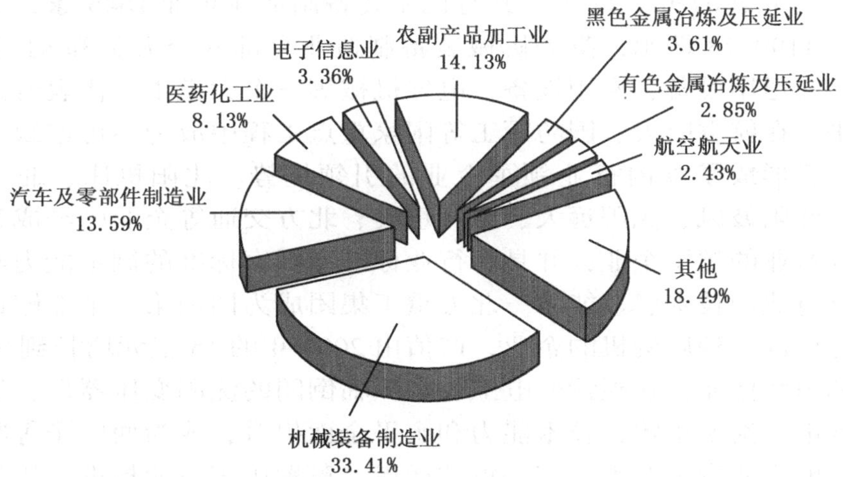

图4.15　沈阳市八大支柱产业占工业总产值比重

第八节　机械装备制造业

机械装备制造业是国家工业化建设的“发动机”，是国民经济的脊梁，它的各项经济指标约占全国工业比重的五分之一至四分之一；是高新技术的载体及转化为生产力的桥梁和通道。同时，机械装备制造业还是国家的战略产业，它是实现工业化的必备条件，是衡量一个国家国际竞争力的重要标志，是决定我国在国际分工中地位的关键因素。沈阳素有“共和国装备部”之称，为新中国国防安全和经济建设作出了重要历史贡献。沈阳曾诞生过共和国第一台自动车床、第一台125万吨挤压机、第一台50万伏超高压变压器等数十个共和国第一；曾为国家大型石化工程项目改造提供核心装备，实现了国内乙烯“三机”国产化零的突破；曾为国家大型煤矿提供采掘、精选、洗选、筛分等成套设备；沈阳输变电装备产品遍布全国，承担了全国年装机容量约40%的综合配套能力，为葛洲坝、李家峡、二滩、黄河小浪底和霍林河等国家重要电站工程项目提供了输变电装备；沈阳是关系国计民生的重大装备——燃气轮机——的诞生地，为我国实现燃机替代进口、服务重大基础建设项目、节省大量外汇资金、打破国外技术封锁与垄断等作出了重大贡献。

截至2007年，沈阳市共有机械装备制造业企业1645家，资产总计1190.73亿元，覆盖机械装备制造业全部六个大类和41个中类，在通用设备、专用设备、电气机械等三个大类中，代表着国家水平，在航空航天、国防军工等国家重点工程中成为不可或缺的选择，已形成了国内行业领军企业的引领优势。沈阳机床、北方重工、沈阳鼓风、沈阳远大、三一重装、北方交通等企业已经成为国内同行业的领军企业，并具有行业标准和国家标准的制定能力与国家该行业的技术引领能力。北方重工集团成为国内第一个能够设计制造全部三种盾构机的企业，产值由2002年的15亿元增长到2007年的100亿元；新疆特变电工收购濒临倒闭的沈阳变压器厂，组建特变电工沈变集团，技术能力和水平全面提升，成为西门子等跨国公司的主要竞争对手；三一重装凭借“颠覆国家行业标准，用品质改变世界”的理念，建立了中国最大的煤炭综采设备生产基地；北方交通瞄准国际先进企业，开发了具有自主知识产权的十大系列产品，这些企业已经成为我市机械装备制造业的支柱企业。

2007 年，沈阳市机械装备制造业共完成产值 1598.5 亿元，同比增长 87%；完成工业增加值 455.3 亿元，占全市规模以上工业的 33.28%，同比增长 113%，实现了又好又快发展。全行业共有科技人员 12814 人，其中中级以上专业技术人员 5403 人，占科技人员总数的 42.16%；全年共完成科技项目 318 个，其中新产品开发项目 270 个，创造产值 211.71 亿元，申请专利 219 件。2003—2007 年，机械装备制造业工业总产值、工业增加值及从业人员年平均人数见图 4.16 至图 4.18。

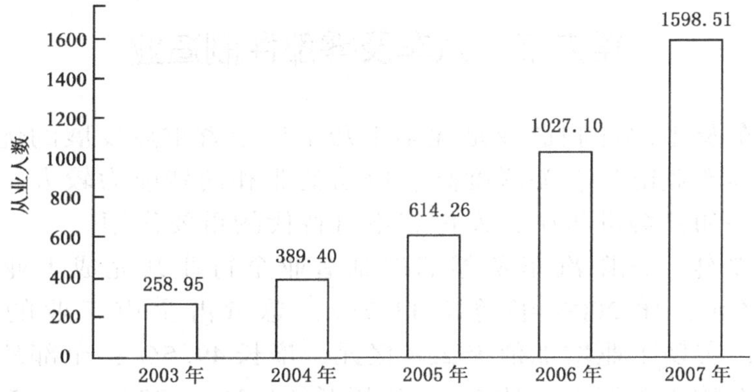

图 4.16　2003—2007 年机械装备制造业工业总产值示意图（单位：亿元）

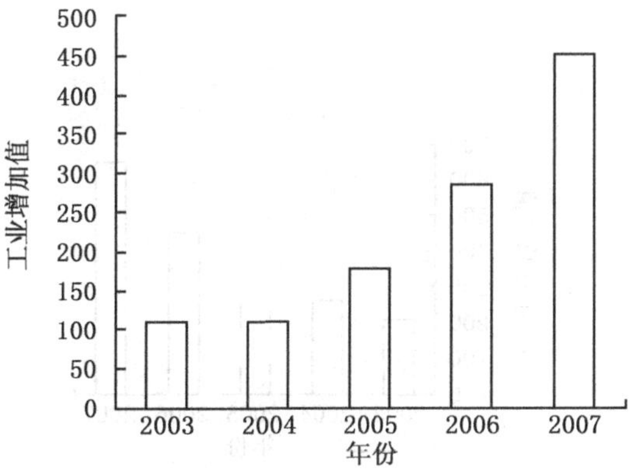

图 4.17　2003—2007 年机械装备制造业工业增加值示意图（单位：亿元）

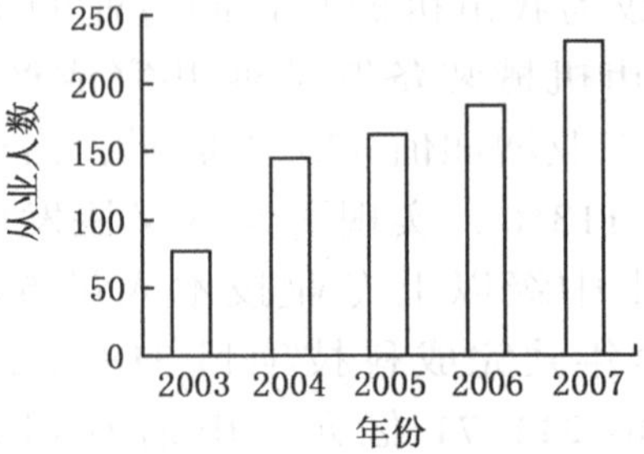

图 4.18　2003—2007 年机械装备制造业从业人员年平均人数示意图（单位：千人）

第九节　汽车及零部件制造业

汽车及零部件制造业是沈阳市乃至辽宁省重点发展的优势产业之一，其产业链长、关联度高、拉动就业和消费能力较大，在区域经济发展和社会进步中，发挥着不可替代的重要作用。

2007 年，沈阳汽车及零部件制造业全行业共完成工业总产值 650.6 亿元，比 2006 年增长 43.7%，总量占全市工业的比重为 13.6%；实现工业增加值 152.8 亿元，增长 49.5%；全部从业人员年平均人数 4.3 万人，比 2006 年增长 10.2%。2003—2007 年沈阳汽车及零部件制造业工业总产值、工业增加值及从业人数见图 4.19 至图 4.21。

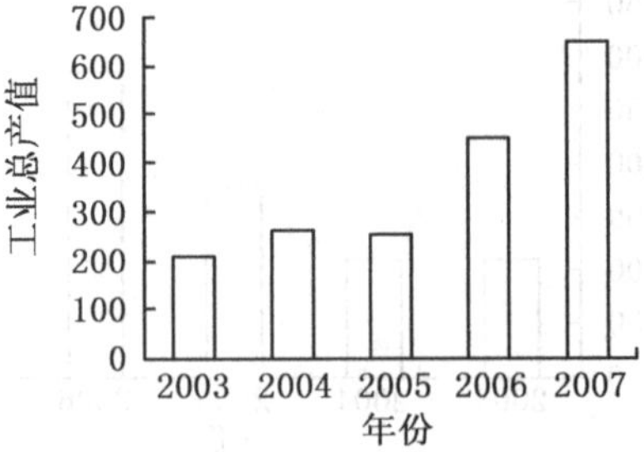

图 4.19　2003—2007 年汽车及零部件制造业工业总产值示意图（单位：亿元）

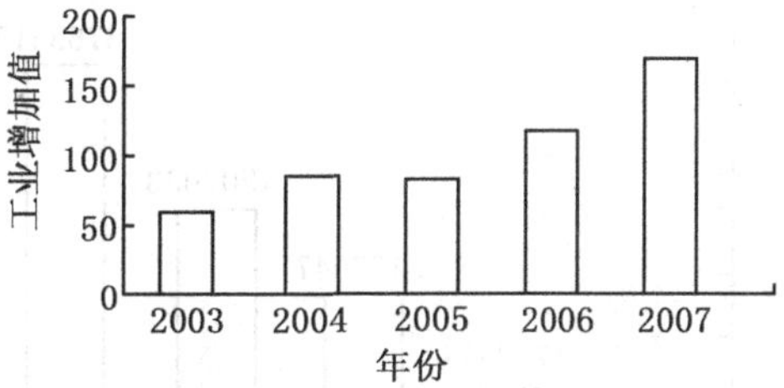

图 4.20　2003—2007 年汽车及零部件制造业工业增加值示意图（单位：亿元）

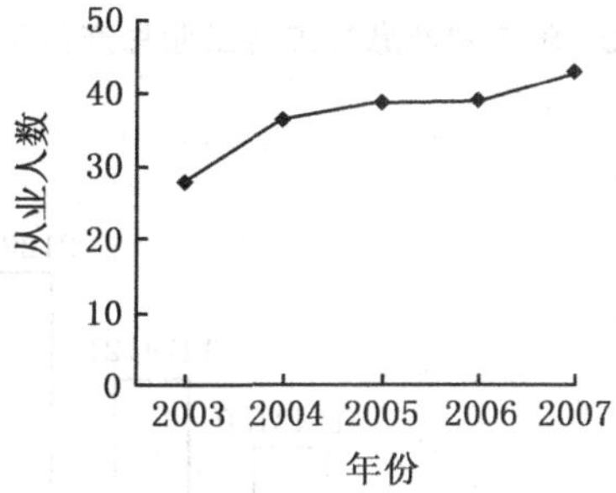

图 4.21　2003—2007 年汽车及零部件业从业人员年平均人数（单位：千人）

第十节　农副产品加工业

随着沈阳市城市化进程的加快和居民食品消费结构的变化，农副产品加工业的市场前景十分广阔。同时，该产业对于扩大就业岗位，转移农村富余劳动力，增加稳定的增收渠道，促进农村稳定、农业增效、农民增收，均具有十分重要的意义。

2007 年，农副产品加工业实现工业总产值为 676.35 亿元，增长 50%；实现工业增加值为 212.91 亿元，增长率为 47%；从业人员数为 85322 人。2003—2007 年农副产品加工业实现工业总产值、工业增加值及从业人员数见图 4.22 至图 4.24。

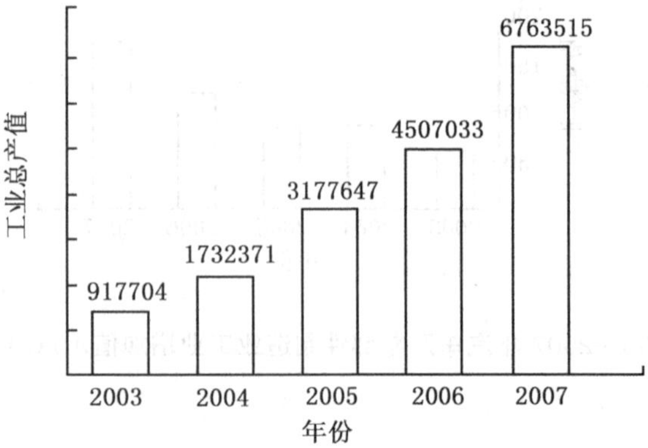

图 4.22　2003—2007 年农副产品加工业工业总产值示意图（单位：万元）

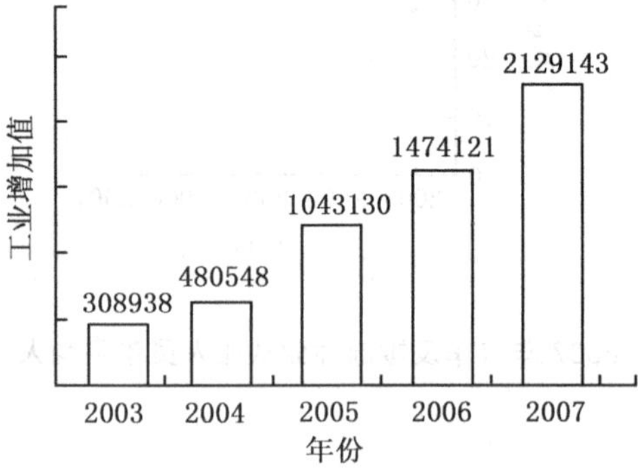

图 4.23　2003—2007 年农副产品加工业工业增加值示意图（单位：万元）

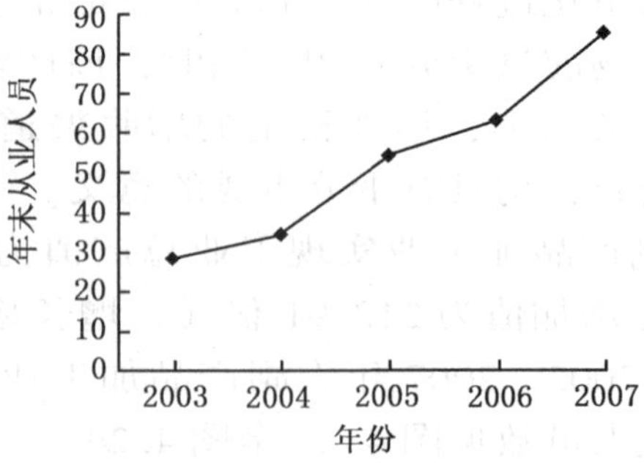

图 4.24　2003—2007 年农副产品加工业年末从业人员年平均人数示意图（单位：千人）

第十一节　电子信息业

电子信息业主要由通信设备制造业、广播电视设备制造业、电子计算机制造业、电子器件制造业、电子元件制造业、家用视听设备制造业和其他电子设备制造业7个中类行业组成。

2007年，沈阳市共有电子信息制造业企业99家，资产总计150.40亿元，全年全产业累计完成工业总产值160.96亿元，增长58.3%；实现工业增加值54.02亿元，增长87.8%；全部从业人员年平均24977人，增长57.1%。2003—2007年电子信息业工业总产值、工业增加值及全部从业人员年平均人数见图4.25至图4.27。

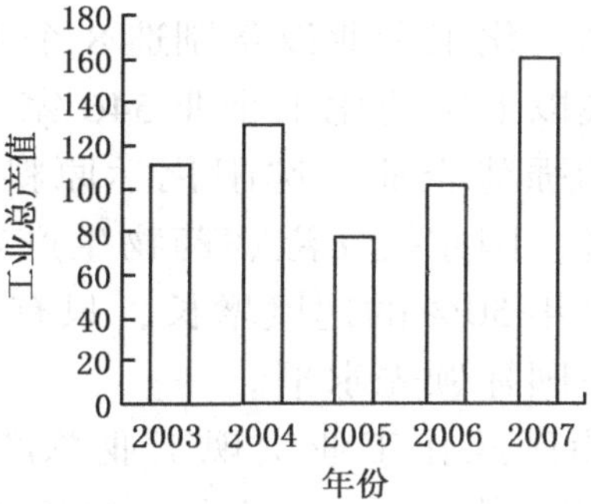

图4.25　2003—2007年电子信息业工业总产值示意图（单位：亿元）

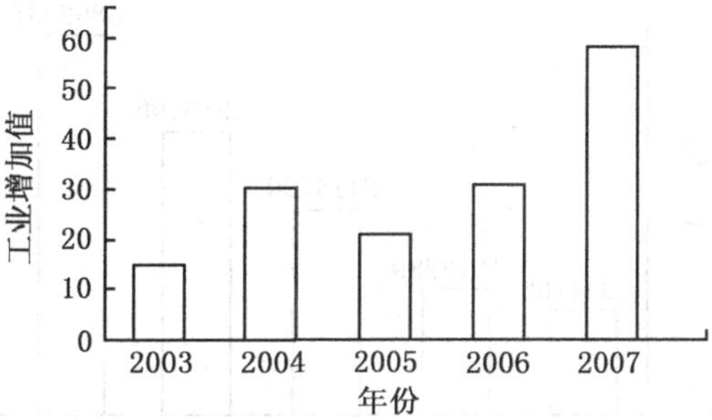

图4.26　2003—2007年电子信息产业工业增加值示意图（单位：亿元）

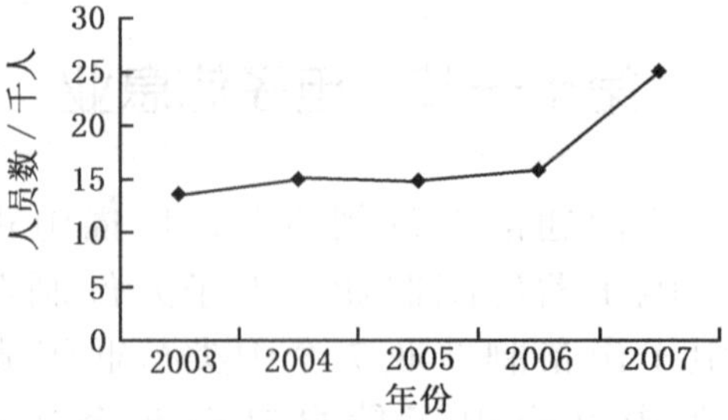

图 4.27 2003—2007 年电子信息产业从业人员年平均人数示意图

第十二节 医药化工业

沈阳市在多年的发展中形成了完整的医药化学工业体系，行业覆盖医药原料药、化学药品制剂、中成药、医疗器械、石油化工、化学原料、橡胶制品、化工专业设备制造 8 个大类、25 个中类、55 个行业小类。有规模以上医药化工企业 346 家，涌现出了像东药集团和沈化集团这样的强势企业。沈阳化学原料药有近 10 个在全球排名前三位的产品群；国家抗艾滋病药物生产基地正在筹建中；数字医疗器械产值以每年 50% 的速度增长，只有几大跨国公司堪称对手；生物制药也处于国际领先水平。

2007 年，沈阳市医药化工业实现工业总产值 389.22 亿元，增长 34%；实现工业增加值 110.05 亿元，增长 36%；全部从业人员为 56007 人。2003—2007 年医药化工业实现工业总产值、工业增加值及全部从业人员见图 4.28 至图 4.30。

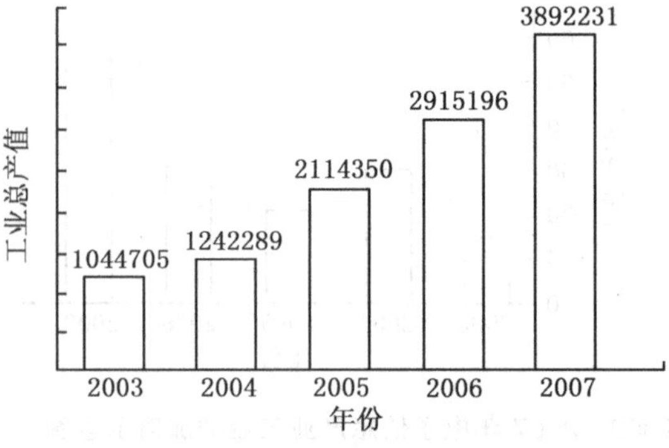

图 4.28 2003—2007 年医药化工产业工业总产值示意图（单位：万元）

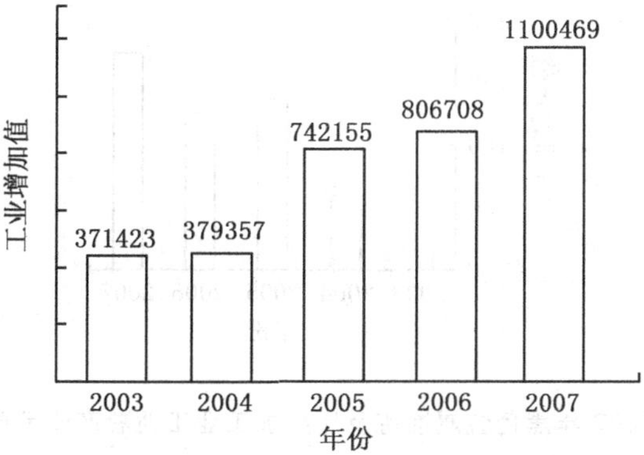

4.29　2003—2007 年医药化工产业工业增加值示意图（单位：万元）

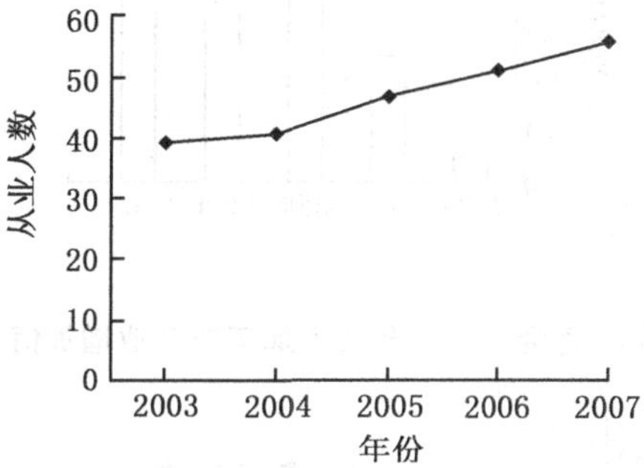

图 4.30　2003—2007 年医药化工产业从业人员年平均人数示意图（单位：千人）

第十三节　黑色金属冶炼及压延加工业

沈阳市黑色金属冶炼及压延加工业主要包括炼铁业、炼钢业、钢压延加工业、铁合金冶炼业四个行业。

2007 年，沈阳市拥有规模以上黑色金属冶炼及压延工业企业 92 家，实现工业总产值 172.6 亿元，比 2006 年增加 38.2%；实现利润总额 4.5 亿元，比 2006 年增加 3.2 亿元；完成工业增加值 56.71 亿元，同比增长 67.30%；全年从业人员平均 9737 人，同比减少 16.8%。2003—2007 年沈阳市黑色金属冶炼及压延加工业工业总产值、工业增加值及年平均从业人员数见图 4.31 至图 4.33。

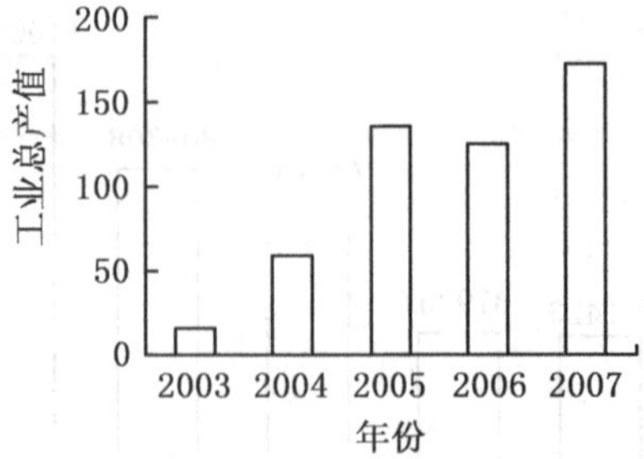

图 4. 31　2003—2007 年黑色金属冶炼及压延加工业工业总产值示意图（单位：亿元）

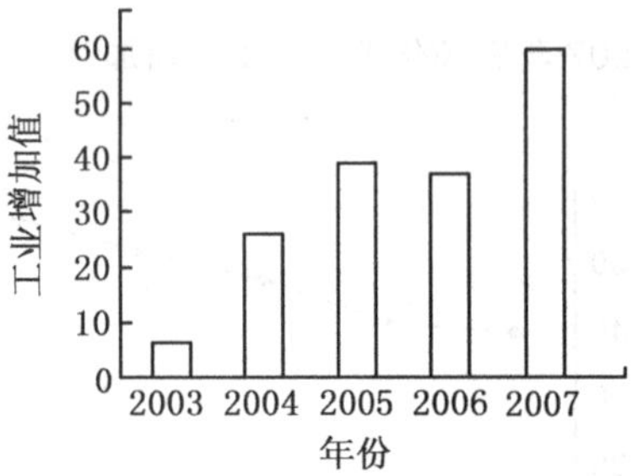

4. 32　2003—2007 年黑色金属冶炼及压延加工业工业增加值示意图（单位：亿元）

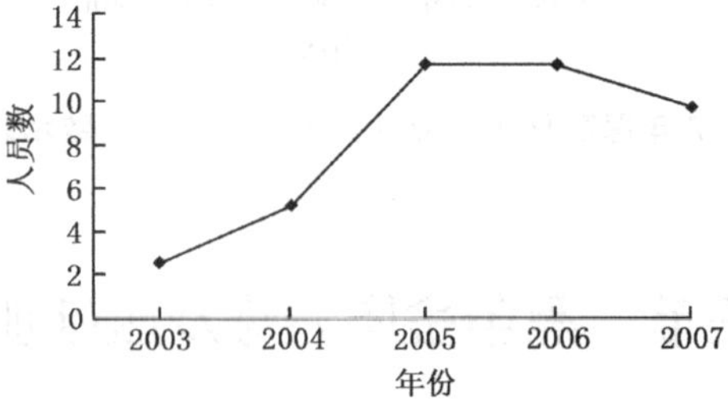

图 4. 33　2003—2007 年黑色金属冶炼及压延加工业从业人员年平均人数（单位：千人）

第十四节　有色金属冶炼及压延加工业

有色金属产业是重要的基础原材料产业，产品种类多、应用领域广、产业关联度高，在经济建设、国防建设、社会发展和稳定就业等方面发挥着重要作用。沈阳市有色金属冶炼及压延加工业由常用有色金属冶炼业、贵金属冶炼业、稀有稀土金属冶炼业、有色金属合金制造业、有色金属压延加工业等5个行业中类、9个行业小类组成。截至2007年，沈阳市共有规模以上有色金属冶炼及压延加工业企业102户，比2006年增加10户，行业重点企业有沈阳星河有色金属加工厂、辽沈集团、沈阳有色金属加工厂、沈阳九星企业集团等21户企业，其主营业务收入均超过亿元。从行业构成上看，有色金属冶炼业13户，贵金属冶炼业1户，稀有稀土金属冶炼1户，有色金属合金制造业17户，有色金属压延加工业70户。

2007年，全行业拥有资产总计50.7亿元，比2006年增长2.2%；共完成工业总产值136.5亿元，比2006年增长35.4%；完成工业增加值38.0亿元，比2006年增长50.2%；从业人员年平均1.37万人，比2006年增长31.87%。2003—2007年沈阳有色金属冶炼及压延加工业工业总产值、工业增加值及从业人员年平均人数见图4.34至图4.36。

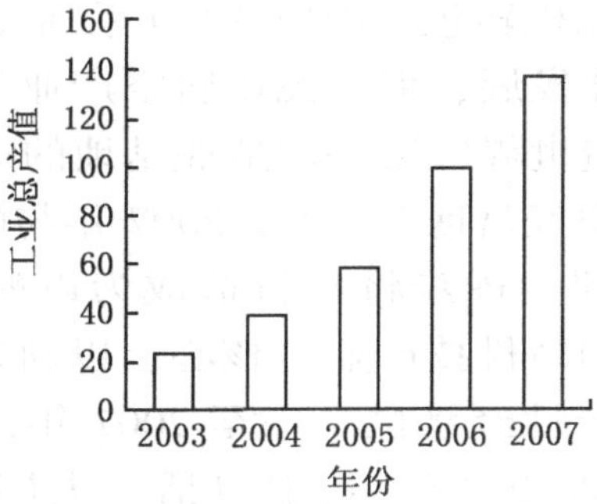

图4.34　2003—2007年有色金属冶炼及压延加工业工业总产值示意图（单位：亿元）

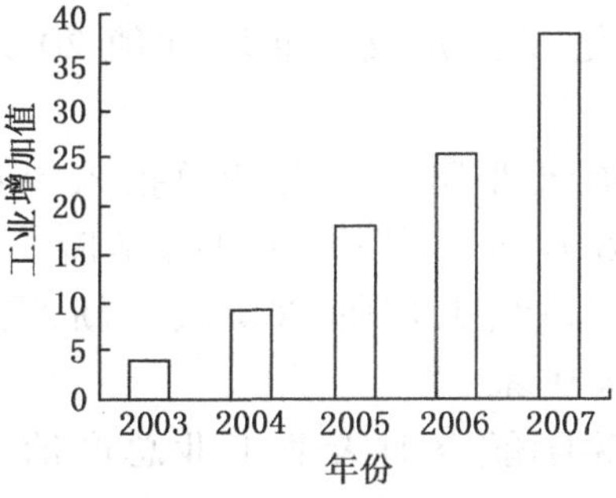

图4.35　2003—2007年有色金属冶炼及压延加工业工业增加值示意图（单位：亿元）

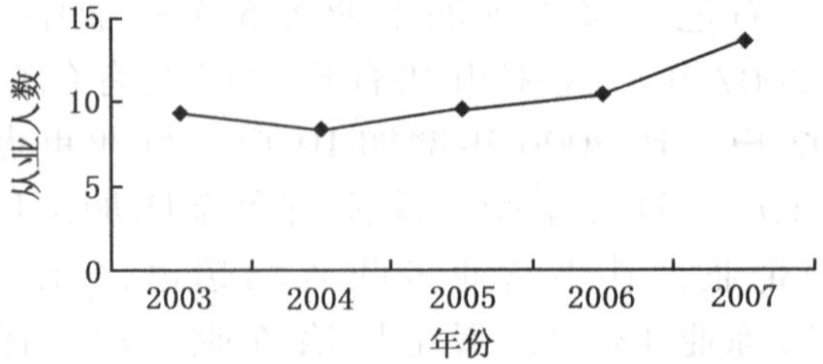

4.36　2003—2007 年有色金属冶炼及压延加工业从业人员年平均人数（单位：千人）

第十五节　航空航天业

航空产业是沈阳制造业八大优势产业之一，目前已签订冲 8-Q400 飞机大部件转包、CF34 系列航空发动机、赛斯纳轻型运动飞机、庞巴迪 C 系列飞机转包、南航 A320 系列飞机维修基地等项目。为加快沈阳航空产业发展，促进民用航空产业集聚和扩大核心竞争力，推进沈阳市打造世界级装备制造业基地的进展，沈阳市于 2006 年设立了“沈阳航空经济区”，并于 2007 年与中国一航就共建航空经济区签订合作协议，逐步将其打造成为以航空高科技产业为引领，以先进制造业和高科技产业为核心，以商贸、物流、培训等服务产业为延伸的综合性经济区。截至 2007 年，沈阳市共有各类航空航天企事业单位近 20 家，其中包括三大国家级重点航空研究所——飞机设计研究所、发动机研究所、空气动力研究所，拥有规模以上航空制造企业 9 户，全行业资产总额 218.7 亿元，全年实现工业总产值 116.26 亿元，完成工业增加值 20.2 亿元，利税总额达到 3.58 亿元。

2007 年，航空航天业研究开发费总投入 19022 万元，全部从业人员年平均人数 26676 人，其中中国科学院、中国工程院院士 26 人、研究员 210 人、高级工程师 760 人。新产品创造产值 1000137 万元，企业科技机构 9 家。

2003—2007 年沈阳航空航天业工业总产值、工业增加值及从业人员数见图 4.37 至图 4.39。

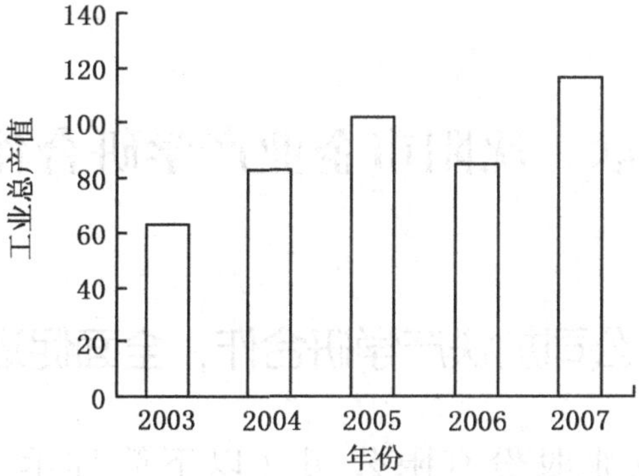

图 4.37　2003—2007 年航空航天业工业总产值示意图（单位：亿元）

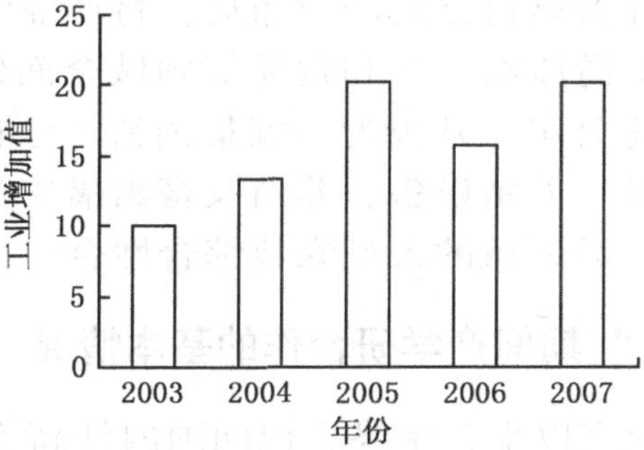

图 4.38　2003—2007 年航空航天业工业增加值示意图（单位：亿元）

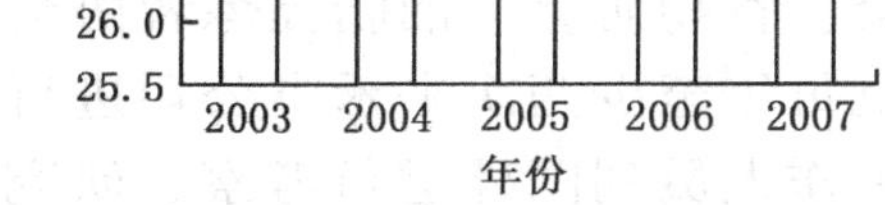

4.39　2003—2007 年航空航天业从业人员年平均人数示意图（单位：千人）

第五章　沈阳市企业产学研合作现状

第一节　禾丰公司加快产学研合作，全面促进饲料产业升级

辽宁禾丰牧业股份有限公司（以下简称禾丰公司）成立于1995年，是国家级农业产业化重点龙头企业，旗下拥有80余家分（子）公司，已成长为东北最大、全国前十强的饲料企业集团。目前，禾丰公司正在调整自己的产业布局，将产业链向下游养殖业和食品加工业，向上游原料生产和贸易等领域全面延伸，从一个主营饲料业务的集团化公司，升级为一家集饲料、原料贸易、兽药和生物制剂、饲料机械、养殖设备、养殖及畜禽屠宰深加工、农产品深加工，直至进入食品领域的大型农牧综合性企业集团。

一、“十一五”期间产学研合作的基本情况

禾丰公司自成立以来，始终重视同国内外高等院校、科研院所、行业组织的密切合作。同中国农业科学院饲料研究所、中国科学院生态所、中国海洋大学、中国农业大学动物科技学院、南京农业大学动物科技学院、沈阳农业大学畜牧兽医学院、黑龙江八一农垦大学等国内科研机构和高等院校一直保持着密切的技术合作与交流。2002年，美国普渡大学的世界最著名动物营养学教授Bud Harmon先生特别邀请禾丰公司技术副总裁邵彩梅博士赴美进行为期10个月的访问研究，并多次来禾丰公司进行动物营养领域配方的指导与调整。美国大豆协会、谷物协会、油脂提炼者协会等国际知名院校和科研机构的专家也每年至少两次来禾丰公司进行技术讲座，禾丰公司也多次派技术工作人员到国外进行考察、研究，以保证禾丰公司的技术居于世界前沿。禾丰公司每年至少选派两批管理者和技术人员赴欧美高校、企业进行学习，并交流养殖及饲料生产技术，展开与国外大学和专家的合作，引进海外研发团队进行产品研发。

近年来，饲料业的竞争已从原来的中小企业的自由竞争，转变为民营大企业、跨国企业的激烈角逐，而市场竞争的根本就是产品的竞争、研发能力的竞争。禾丰牧业根据自身的特点和优势，积极寻求产学研合作伙伴，探索一套适合自我发展的产学研的合作模式。

二、“十一五”期间产学研合作取得的效果

禾丰公司的研发中心目前是农业部国家农产品研发中心饲料分中心，是辽宁省企业技术中心和辽宁省工程技术研究中心，在北方与沈阳农业大学畜牧兽医学院成立北方研发分中心，在南方与南京农业大学动物科技学院成立南方研发分中心，为禾丰公司在全国市场的产业布局提供技术支持。两所高校选派优秀的青年技术专家与禾丰公司研发中心的各科研小组展开合作，并已取得阶段性成果。此外，禾丰公司还与中国农业大学动物科技学院、中国海洋大学、韩国韩京大学合作。2009—2010 年，就已申请 5 项发明专利。未来 5 年将有一大批科研成果产生，对于饲料产业的发展将起到积极的促进作用。合作项目如下。

（1）与沈阳农业大学畜牧兽医学院的合作。

禾丰公司与沈阳农业大学畜牧兽医学院就动物营养学、基础兽医、临床兽医、预防兽医等领域展开合作。沈阳农业大学利用自身化验设备、实验基地及技术研究人员协助禾丰公司完成猪、禽、反刍的营养代谢试验，提供最终科研成果；利用技术优势，为禾丰公司提供相关技术咨询、技术服务、技术开发和技术转让，共同进行新产品研发与应用推广工作；根据禾丰公司需求，为禾丰公司的专业骨干技术人员提供技术培训，培养后备力量；学校教授做禾丰公司兼职技术服务专家，对高校与公司负责，参与公司核心产品研发。主要合作项目见表 5. 1。

（2）与南京农业大学动物科技学院的合作。

就消化道微生物、特种经济动物饲养、水产养殖、反刍动物饲养领域展开合作。主要合作项目见表 5. 2。

（3）与中国农业大学动物科技学院合作，直接参与国家重大科研课题。

表 5.1　　禾丰公司与沈阳农业大学畜牧兽医学院合作项目

项目名称	总投资/万元	合作内容	成果水平	项目实施情况	专利数
初生仔猪体表干燥剂的研制与产业化	1200	产品实验组织、实施	国际领先	已形成产品，进入市场销售。其衍生产品正在试验阶段	1 项发明专利
安全环保型饲料的研制与产业化	10000	产品实验组织、实施；人才培养、输送；教授担当服务专家	国内领先	该项目已完成并实施，取得了良好效果，对禾丰集团产品品质的提升起到重要作用	1 项发明专利

表 5.2　　禾丰公司与南京农业大学动物科技学院合作项目

项目名称	总投资/万元	合作内容	项目实施情况
饲料加工工艺的细化研究	2000	饲料加工工艺的国际先进技术指导	禾丰公司年生产能力达 450 万吨。生产基本上实现了机械化作业：生产配料全部由电脑自动完成；生产用小料配料，有自动小料配料添加系统（配方输入即完成）；制粒机控制采用先进的自动控制系统，无需人员操作；成品码垛采用机器人自动码垛机完成
饲料工业用酶制剂的研制和工业化生产	2200	南农完成实验室生理生化指标的检测与部分产品实验	产品已进入规模化生产阶段，取得了 13081 万元的年销售收入

与中国农业大学动物科技学院就完成国家饲料原料数据库的建设工作全面展开合作，数据库建设一旦完成，将为配方应用创造很大的效益。同时就猪营养与代谢、家禽营养与代谢、反刍动物营养与代谢调控、动物微生态营养与饲料生物技术等领域展开合作。中国农业大学还根据禾丰公司的需求和要求，为禾丰公司的专业骨干技术人员提供技术培训，联合培养研究生，博士进入禾丰公司的博士后科研基地；为禾丰公司提供相关的技术咨询、技术服务、技术开发和技术转让，共同进行新产品的研发与应用推广工作。

（4）松散型合作促进一些专业领域的课题研究。

国内还有许多优秀的农业院校，他们在一些学科上具有较强的科研能力，所以就该领域的一些课题，禾丰公司与其展开科研合作。例如，与中国海洋大学就“海产鱼类饲料产品的研究和开发”项目进行合作。以大连海域为主，研究和开发适应市场需求的大黄鱼、海参、海螺和海鲇鱼等鱼类品种的饲料产品的生产与加工，该产品饲用后，鱼类的生长快、抗病力强。由于符合中国人的饮食习惯，产品的市场前景很好，取得了良好的经济效益。该项目总投5000万元，目前已取得了年销售收入2亿元的经济效益。

（5）与国外大学展开合作，就全球饲料领域前沿课题进行探索研究。

与韩国韩京大学赵镇国博士就“饲用替代非抗生素制剂的研制与产业化”展开合作。赵镇国博士已在2005年至2010年期间，研发出固体培养基和光合菌培养基等科技成果，现拥有微生物分离、鉴定及产业应用方面的丰富经验，特别是其在微生物快速繁殖、制造高活性的益生素领域的研究处于世界先进水平。赵镇国博士执笔撰写了关于无抗生素饲养畜禽的方法和抗生素替代品的相关著作，并采用高活性微生态制剂来预防呼吸道疾病、消化道疾病的方法，在韩国取得良好的效果。该项目预计从2011年4月至2013年4月进行，总投资3410万元，将研发出高效微生态制剂系列产品，取得与国际同类先进技术同步的新产品。该项目完成时，预计实现年销售收入1.5亿元，将对畜产品安全生产带来重大贡献，为产业的健康发展提供保障。

三、产学研合作的主要合作模式和具体做法

“十一五”期间，禾丰公司产学研合作主要采用多样化的合作模式，主要有以下几种。

（1）一般性研究支持。禾丰公司以捐款、成立基金、捐赠设备与其他研究设施等方式，协助高校进行各项研究。增强企业与高校的情感，同时提高知名度和增加企业的无形资产价值。禾丰公司在全国许多农业高校都采用此模式进行合作，如设立禾丰奖学金，出版《东农禾丰科技》等。

（2）非正式的合作研究。高校研究人员与禾丰公司就个别课题建立非正式的合作研究关系，研究人员常常以个人身份且多数利用

业务时间参与合作。禾丰公司与中国药科大学教授、韩国韩京大学教授就有过此类合作。

（3）契约型研究。根据企业发展的需要，为了减轻研发经费的负担，将部分研发活动委托大学进行，以契约方式和大学进行特定项目的合作研究。禾丰公司与沈阳农业大学的合作多数是此种类型，这种合作方式目的、目标明确，容易产生较好的经济效果。

（4）知识转移与训练。大学与禾丰公司进行知识与人员的合作交流，如大学教授担任企业的顾问，为企业的研发计划或技术“瓶颈”提供咨询意见，通过合作计划，企业对大学的课程设计及研究计划提供建议等。采用这种产学合作方式，可以使双方的研发更具效率。目前，沈阳农业大学、辽宁医学院动物科学学院就采取此种合作模式。

四、产学研合作的典型经验和体会

“十一五”期间，禾丰公司产学研项目总投资2.2亿元，产品总销售收入16亿元。过去产学研成功合作的经验证明，产学研合作既增强了企业自主创新能力和核心竞争力，也提升了高校自主创新和服务社会的能力，是企业与高校、科研院所双赢的必由之路。

五、典型案例简介

产学研合作中“安全环保型饲料的研制与产业化”项目最为典型。该项目是禾丰公司与沈阳农业大学畜牧兽医学院合作进行的。采用契约型合作模式，企业与高校针对该项目签订协议，沈阳农业大学畜牧兽医学院教授及部分研究生参与此项目，承担了部分实验室和试验场的重要工作，本项目3年共投入1亿元，项目结束时，产生了5亿元的销售收入，对当时禾丰公司产品提高市场占有率，尤其对禾丰公司主营产品的后续发展奠定了良好的基础，为产品的持续升级做好了铺垫。2010年禾丰公司销售收入为54亿元，其中饲料产品销售收入为37亿元左右，其中，“安全环保型饲料的研制与产业化”项目的成功功不可没。

第二节 北方重工产学研合作工作情况

一、产学研合作的方式、特点

北方重工集团有限公司（以下简称北方重工）始终把产学研合作作为技术创新的重要环节来抓，与多个科研院所、高等院校开展产学研合作和人才技术交流，努力吸收国内、外先进技术，建立了技术研发体系，产学研合作作为主线贯穿其中，互为补充，形成了多层次、相互衔接、高效互动的技术创新体系。

企业重点依托科研院所技术优势，通过共建研究平台的方式，进行多层次、多领域、长期稳定的交流与合作。以提高企业创新能力为重点，有效组织产学研合作。通过与相关领域的科研院所、高校院校等研究机构交流协作，加强人才交流，开展联合设计和项目研究，加强支持科研人员与国外先进研究机构交流的力度。企业有效发挥高层次人才的作用，注重技能人才队伍建设。

企业通过产学研合作解决了许多技术难题，许多科研项目和科研成果都是通过产学研的方式完成和获得的。企业通过开展产学研，极大地拓宽了工程技术人员在全断面掘进机等产品的学术技术交流渠道。院士、专家多次与企业工程技术人员进行广泛的技术交流，分析技术难点，提出解决方案，大大地提高了工程技术人员的专业研发水平。在院士和专家的全面指导下，对外积极学习发达国家的先进技术；对内整合优势资源，挖掘技术潜力，努力提高全断面掘进机的国产化率，全面实现自主研发，替代进口。

北方重工能够走在国内机械行业前列，最根本的原因在于始终将人才战略作为企业发展的第一战略。拥有一支素质高、技能好、业务精的威武之师，通过激励政策与环境建设，企业培育出了一支素质高、技能好、业务精的创新人才队伍。

人力资源是企业的第一资源，是企业发展的根本。近年来，公司十分重视高技能人才的培训工作，不断探索新的培训思路，尝试新的培训方式。公司不断加大培训资金投入，不断地完善培训设施。通过举办立式辊磨机、盾构机等培训班，对专业技术人员进行新产品、新工艺、新技术等相关知识的培训，加速知识更新，使其不断提高自己的专业技术水平，不断提高产品质量和高技术附加值，促进新产品、新技术开发，满足企业产品结构和市场结构的调整，不断适应市场需求，提高企业核心竞争力。

二、近年来产学研工作取得的成效

近年来，完成产学研合作项目 100 多项，解决了企业、国家重大技术装备开发设计制造等方面的核心技术难题，弥补企业自身基础技术领域研发力量不足的问题，加快了企业新产品的研发速度，提高了企业产品的技术水平。同时，利用国家级技术中心、院士工作站、博士后工作站的优势，吸纳优秀人才，帮助企业开展技术攻关，加快技术创新的国际化进程。

例如，在全断面掘进机自主创新开发中，先后与中国科学院武汉岩土研究所、中国科学院沈阳自动化研究所、浙江大学、吉林大学、天津大学、大连理工大学、燕山大学、东北大学等，针对刀盘刀具布置技术研究、刀盘驱动系统研究、主驱动推进系统研究、控制系统研究等关键技术研究进行广泛的合作，取得了丰硕的成果。完成了国家重大支撑计划项目、国家“863”计划课题、国家重点实验室建设和省、市重点科技计划项目十几项。开发研制了双护盾硬岩掘进机、大型泥水平衡盾构机、复合式土压平衡盾构机，被成功地应用于我国重点引水工程和城市地铁工程中，获得省、市科技进步一等奖，并实现销售收入近 30 亿元，取得了巨大的经济效益和社会效益。

产学研合作在企业产业结构调整和产品优化升级中发挥了明显的作用。通过广泛地开展产学研合作，运用高新技术提升传统产业，提高了产品的附加值和科技含量，实现了企业的可持续发展。企业与多个科研院所、高等学校建立了长期稳定的合作关系，通过优势互补，攻克了许多技术难题，培养了一大批技术骨干。通过实施产学研合作项目，提高了企业的技术装备水平，研发能力显著增强，综合实力进一步提高。

总之，产学研合作是迅速提高企业创新能力，促进企业成长为具有坚实的技术创新主体的最有效的措施。北方重工在产学研活动中取得了丰硕的成果，为东北老工业基地的振兴乃至我国综合国力和科技水平的提高作出了应有的贡献。

第三节 沈阳防锈产学研合作情况

沈阳防锈包装材料有限责任公司（以下简称沈阳防锈）创建于1989年，是全国乃至亚洲最大的专业从事气相防锈包装材料研制与生产的国家级高新技术企业。2009年实现销售收入42750万元。经中国包装联合会、中国表面工程协会、中国腐蚀与防护学会三方共同认定：沈阳防锈自2004年至2010年连续7年在销售收入、市场占有率、客户满意度等方面，均以较大的优势居同行业首位。

沈阳防锈作为中国包装业的龙头企业，多年来，保持良好的经营势头，与企业自建厂以来就高度重视并坚持产学研合作密不可分。2001年，沈阳防锈与东北大学合作，建立“沈阳防锈-东北大学金属腐蚀与防护联合研究中心”。2006年、2009年又先后承担了“商务部出口商品包装服务中心防锈防护包装分中心”和“中包包装行业生产力促进中心防锈包装研发基地”的工作任务，建立企业与高等院校产学研紧密合作、优势互补的现代企业发展模式。

目前，企业建有国内唯一的以气相缓蚀技术研究为主的防锈、防护表面工程研究应用省级企业技术中心，并于2007年被认定为“市级博士后科研工作站”。沈阳防锈以企业省级技术中心为基础，横向联合东北大学、沈阳工业大学、中国科学院金属腐蚀与防护研究所，广泛地了解冶金、装备制造等行业防腐蚀要求，研究、开发金属防护新技术、新工艺、新产品，通过对各种表面处理前沿技术分析研究，研制出无铬钝化液、气相防锈棒等一系列达到国际先进水平的高质量产品。

近年来，企业确立了“在金属防护包装领域成为世界最具竞争力的企业”的发展愿景，并逐步由“生产型制造企业”向“服务型制造企业”转变。2009年，沈阳防锈利用自身服务金属制造与加工行业二十年的经验，联合“金属腐蚀与防护国家重点实验室”“材料环境腐蚀试验研究中心”“轧制技术及连轧自动化国家重点实验室”等防腐蚀专业研究机构，整合国内腐蚀与防护、表面工程研究应用、防锈包装等领域专家资源，建立“沈阳金属防锈防护技术公共服务平台”。该平台是我国首家从事金属防锈防护应用技术服务及指导的专业组织，以冶金、装备制造、汽车及配件、电子电器、军工等金属制造加工业为主要服务对象，提供个性化的新产品研发、防锈防护材料检测与评价、防锈防护应用技术合作研究、信息咨询与人员培训等技术输出和服务，提升我国整体金属防锈保护技术水平，进而增强我国制造业国际竞争力，受到国家高度重视，被列为“2009 年度第三批中央计划内投资项目”。

2010 年，我国包装工业年总产值已突破 1 万亿元，在国际上已成为仅次于美国的全球第二包装大国。公司不断扩大海外市场份额，全球第一大钢厂 Arcelor 公司、全球领先的铜及铜合金产业集团德国 Wieland Metal 公司、欧洲第四大钢厂 Bamesa 公司等世界知名企业均采用沈阳防锈产品进行防锈包装，“沈防 + 图形”商标在国际同行和客户群体中，逐渐成为中国优质防锈产品的代名词。

但与此同时，沈阳防锈核心领导团队也清醒地意识到，公司与美国、意大利、德国等世界包装强国的企业仍有一定的差距。为此，公司斥资引进由美国陶氏化学研发总监杨京俊博士、美国联合制药公司副总裁郭良博士、日本堀富商工株式会社技术专家中川哲博士组成的海外研发团队，共同合作开发具有国际先进技术水平的“纳米高阻隔型气相防锈高强复合膜研制”项目，被辽宁省外国专家局列为“2009 年辽宁省引进海外研发团队项目”。与国际知名专家合作，对项目关键技术攻关顺利实施具有重要作用，同时对于企业了解国际最新行业技术发展信息，开展科技创新活动，增强核心竞争力等方面，具有重要意义。2010 年，公司陆续聘请“沈阳市科技特派员”——中国科学院金属腐蚀与研究所王振尧、杨怀玉等四位研究员——任企业副总工程师，承担了《冷轧钢板耐蚀性评价方法与防锈包装要求的研究》等一系列科研课题，根据企业实际需求，为企业提供技术咨询、信息服务和智力支持等活动，以提高企业自主创新能力和市场竞争力。

第四节 沈变公司充分利用产学研合作提高企业创新水平

特变电工沈阳变压器集团有限公司（以下简称沈变公司）是特变电工股份有限公司的全资子公司，特变电工变压器产业集团的技术中心和人才培训中心均位于此。企业位于具有东方鲁尔美誉的沈阳市铁西新区，具有70余年的变压器类产品专业制造史，拥有中国变压器行业唯一特高压变电技术国家工程实验室，是中国变压器行业历史最长、规模最大、技术实力最强的制造企业之一，中国变压器行业的发源地和人才培养摇篮。2009年投产的企业新园区占地72万平方米，是目前世界电压等级最高，质量保障体系最健全，试验装备世界一流，生产设备世界一流，生产环境世界一流的世界级特高压交、直流输变电科技产业园。

一、以校企合作为展示舞台，坚持走产学研合作发展之路

产学研合作是强化企业技术创新能力，突破关键技术“瓶颈”、增强核心竞争力的有效手段和必由之路。随着企业创新意识的逐渐增强，产学研合作这种时间短、见效快的联合创新模式越来越受到公司的青睐。沈变公司自20世纪80年代开始开展产学研联合开发以来，一直贯彻“校企合作、研企并举”的原则，产学研合作水平一直处于行业的前沿。“十一五”期间，公司分别与清华大学、浙江大学、湖南大学、华北电力大学、哈尔滨理工大学、大连理工大学、国网电力科学研究院、中国电力科学研究院、中国科学院原子能所等大专院校、科研机构深入开展了产学研合作。

“十一五”期间，沈变公司在科研及新产品开发上，在坚持自主开发为主的同时，加大了产学研联合开发力度，并与国内许多重点院校、研究机构建立了“产、学、研”联合。目前，沈变公司在研的产学研项目有14项，合作金额达到857.8万元。2010年，在围绕国家重大项目不断自主创新的同时，还采用借助外力为我所用的方式，积极与院校及科研机构在变压器共性技术、直流系统研究、纳米变压器油研究、特高压发电机升压变压器模型验证试验研究等领域开展产学研攻关，新签订产学研合作项目7项，即与华北

电力大学合作的“纳米变压器油在变压器中的应用研究”、与浙江大学合作的“直流输电系统通用数字仿真平台开发”、与湖南大学合作的“低噪声换流变压器的研究”等，7项课题合作金额共计599.8万元。目前，这些项目正按合同有序开展。这些产学研项目的开展既解决了工程设备所需，还拓宽了公司的研究领域及合作深度。同时，利用高校作为高技术研发人才培养基地的作用，借产学研项目合作之机，为公司培养既掌握变压器设计，又掌握系统设计的全能型人才。2010年8月，公司派出4名研发人员到浙江大学就“直流输电系统通用数字仿真平台开发”产学研项目开展定向培养，从而掌握直流输电系统及其组成元件的各种运行状态。现4名参加定向培训人员都已成为该领域的骨干科技人员。这种既做研究，又培养人的合作形式是公司日后继续大力发展的产学研合作模式。

二、依托国家重点工程项目，全面开展产学研合作

（1）产学研合作取得的科研成果。

通过搭建产学研合作平台，加速了公司科研成果转化的速度，解决了企业在生产过程中关键共性技术问题及“瓶颈”问题，每年完成科研课题10～15项、新产品开发25～30项。

近年来，公司利用产学研成果的通用性研制出的世界级成果层出不穷。

——2007年，沈变公司成功地为甘肃黑河330kV变电站研制了我国首台大容量解体变压器，从而在龙滩780MV·A世界最大三相组合式变压器基础上，进一步优化了大容量变压器运输解决方案。

——2008年初，全部产品一次投运成功，产品各项性能参数超过西门子公司，处于世界领先水平，该项目荣获2008年度中国机械工业科学技术进步特等奖。

——2008年4月，沈变公司胜利地完成西北后续750kV送出工程750kV变压器研制任务。

——2008年6月，沈变公司为中俄直流背靠背联网工程研制的±500kV直流换流变压器首批产品成功发运。

——2008年6月，沈变公司承担的世界首条±800kV特高压直

流输电工程项目 ±800kV 干式平波电抗器项目试制成功，形成多项专利技术。它是沈变公司承担的世界首条 ±800kV 特高压直流输电工程项目。产品于 2008 年 8 月通过中国机械工业联合会技术鉴定，各项技术指标达到国际领导水平。2009 年获沈阳市科技进步一等奖。

——2008 年 7 月，为充分论证 1000kV 特高压电网的可行性，国家电网公司在武汉高压研究所筹建了一条特高压试验线路。沈变公司承担了该线路百万伏变压器项目研制任务，通过大量的前期科研攻关、多方案的科学论证及产学研成果，产品已通过全部试验成功试制。它的试制成功为 1000kV 更大容量变压器的设计制造积累了丰富的经验，实现了完全意义上的自主化，标志着公司在特高压输电技术领域迈入了世界最先进的行列。该产品于 2008 年 8 月通过中国机械工业联合会的技术鉴定，技术性能达到国际领先水平。2009 年该产品获沈阳市科技进步一等奖，2010 年获辽宁省科技进步奖一等奖。

——2009 年 12 月，沈变公司承担的“云广”工程用世界首台 ±800kV 换流变压器研制成功，填补了我国及世界特高压直流电网建设的一项空白。该项目产品于 2009 年 12 月通过中国机械工业联合会成果鉴定，各项技术指标达到国际先进水平，并于 2010 年获得沈阳市科技进步一等奖。

——2010 年 8 月，为配合国家建设坚强电网，公司开发研制出 220kV 智能化变压器，该产品是沈变公司第一次涉足智能电网领域产品，也是中国第一台智能变电站用变压器。它的研制成功为公司今后参与国家的坚强智能电网的建设打下了坚实的基础。

（2）人才培养。

产学研合作项目的快速推进为公司在设计、工艺、试验等方面培养出众多的高素质的创新人才，尤其是在特高压技术人才的培养方面，取得了可喜的成绩。“十一五”期间，沈变公司承担了多项国家重点工程用特高压交直流产品，在这些项目的实施过程中，分别与清华大学、哈尔滨理工大学、沈阳工业大学等知名大专院校开展产学研联合攻关，通过项目实施及产学研联合为公司培养特高压人才 20 多人，不仅完成了企业的科研课题，同时通过企业与院校间的人才相互交流，增强了参与人员的自身业务素养，实现了企业发展与个人进步的双赢，为国家输变电行业科技的发展及人才的后续培养作出了贡献。

三、以企业为主体、市场为导向，建立产学研相结合的技术创新体系

为进一步贯彻科教兴国战略，实践“以企业为主体、市场为导向、产学研相结合的技术创新体系”的建设，公司根据国家电网发展规划及公司战备发展目标，在应用基础理论研究、环保节能技术和产品的开发、设备系统集成及重点新产品等领域拓深产学研合作深度。合作模式不仅局限于课题合作，而且向在职培训、委托培养等形式的产学研战略合作联盟模式发展。2009 年，公司与沈阳工业大学、哈尔滨理工大学在原有良好合作的基础上，结成战略合作伙伴关系，并签署了战备合作协议，还计划在未来合作中，企业将向资金配需、科研基础设施、市场导向研究等方面扩展，校方则发挥教学、科研、培训等方面的特长。双方在人才培养、科学研究、科技成果转化等方面，开展产学研相结合的全方位合作，实现优势互补、互惠互利的双赢局面。此外，校方根据公司人才需求，开展“订单式”人才培养，为公司培养急需人才；同时，公司设立“特变电工奖学金”，重点奖励有意向到特变电工工作的电气工程、机械工程及外贸专业的优秀本科生、研究生。

四、产学研合作的典型案例

与大连理工大学合作的“±800kV 干式平波电抗器的支撑方案委托设计、计算验证及抗震性能的研究”项目，通过物理模型进行有限元建模、有限元分析研究，成果得到最终应用，完成±800kV 干式平波电抗器研制，并形成多项专利技术。产品于 2008 年 8 月通过中国机械工业联合会技术鉴定，产品的各项技术指标达到国际领先水平。该项目是“产、学、研、用”的典型成功案例。另外，公司与清华大学合作的课题“电力变压器波过程与特性快速暂态计算程序开发”项目开发出的“电力变压器特快速暂态计算程序”是国内首个能够实际应用于计算变压器线圈内特快速暂态过电压分

布的计算软件，对合理设计超高压和特高压电力变压器线圈绝缘结构、提高变压器产品在特快速暂态过电压作用下的绝缘强度，具有重要的实际意义，使公司在超高压、特高压电力变压器投标中，占有绝对优势。

第五节　沈阳洪生开展产学研合作

一、公司介绍

沈阳洪生气体有限公司（以下简称沈阳洪生）成立于2004年9月24日，注册资本为1000万元，注册地点位于沈阳经济技术开发区八号街六甲二号。公司主要生产经营氧、氮、氩、高效切割气等工业气体。

工业气体号称“工业粮食”，在制造业、高科技等领域应用广泛，不可或缺。沈阳洪生采用国内、外先进的第六代低温液体空分制取技术与设备，成为辽宁省最大的工业气体生产基地之一，是沈阳地区唯一的液态气体生产企业、沈阳地区唯一的通过管道输送气体的供应商、沈阳地区唯一的具有医用液态氧生产资质的企业。公司与沈鼓集团、北方重工集团等200余家企业建立了长期的客户关系，客户涵盖辽沈地区各重要装备制造业企业，每天24小时不停地为这些企业提供各种气体产品，为辽沈地区装备制造业的发展作出重要的贡献。

沈阳洪生自成立以来，以平均年产值增长50%的速度不断壮大。如今，在沈阳经济技术开发区八号街六甲二号和沈阳经济技术开发区铸造园分别有两处厂区，总占地面积为48000平方米，总建筑面积为12000平方米。截至2010年底，公司拥有总资产11000万元。公司下设生产部、销售部、安全保卫部、供应部、运输部、工程部、财务部、办公室、技术中心九个部门，拥有职工300余人。

2008年与2009年，公司连续两年被沈阳市工商局命名为守合同重信用单位。

2009年，公司企业技术中心被沈阳市人民政府命名为市级技术中心，成为全国唯一的气体行业市级企业技术中心。

2009 年，公司液态高纯氧制备项目被辽宁省政府确定为辽宁省企业技术创新重点项目。

2009 年，公司被沈阳市人民政府命名为成长型中小企业。

2009 年，公司高纯氮产品被辽宁省人民政府命名为质量名优产品。

2010 年，公司甲醇制氢项目被辽宁省政府确定为辽宁省企业技术创新重点项目。

2010 年，公司高纯氢气、激光混合气体产品被辽宁省政府命名为“专、精、特、新”产品。

2010 年，公司高纯氢气制备项目被国家工信部列入中小企业发展专项计划……

公司的发展愿景是：以发展民族气体工业为己任，通过自身努力及社会各界的帮助，成为中国民族气体工业的领头羊。

二、产学研合作的方式、特点

沈阳洪生结合自身的专业特点及发展需求，有针对性地开展产学研合作工作，先后与沈阳化工大学、沈阳石油化工研究院、沈阳工业大学等单位开展产学研工作。其中，沈阳洪生与沈阳化工大学已发展成稳定的产学研全面合作关系。2009 年，沈阳洪生与沈阳化工大学签署校企合作协议及共建企业技术中心协议，就沈阳洪生与沈阳化工大学在科研成果转化、共同开发新产品、共建技术中心、接收安置大学生等方面，达成全面合作协议……

总结沈阳洪生开展产学研工作情况，其产学研合作的方式、特点有以下几点。

（1）产学研合作不是简单的科研共同开发，而是充分发挥各自的优势，开展全面合作。合作的方式不仅包括科研共同开发，还包括共建技术中心，实验、检测设备相互开放，优先安置毕业生等。

（2）产学研合作要结合实际需求，有针对性地开展工作，以项目合作为平台。

（3）产学研合作要互惠、互利，要实现各方共赢，这样才能维持长久不断的合作关系。

三、近年来产学研工作取得的成效

（1）2009年，沈阳洪生与沈阳石油化工研究院合作，开发液态高纯氧项目，该项目被列为2009年辽宁省技术创新重点项目，项目产品液态高纯氧填补了辽沈地区液态高纯氧生产空白，项目开发的关键技术申报国家专利，项目投产后的生产能力达到2吨/天，纯度达到99.995%。

（2）2010年，沈阳洪生与沈阳化工大学、沈阳石油化工研究院开展产学研合作，共同开发甲醇裂解制备高纯氢气项目，该项目被辽宁省经信委列为2010年辽宁省企业技术创新重点项目。高纯氢气项目产品被辽宁省政府命名为“专、精、特、新”产品。

（3）2011年，沈阳洪生与沈阳化工大学、沈阳工业大学合作，共同开展分布式储气罐实时监督与控制系统项目。

（4）近年来，沈阳洪生共接受、安置沈阳化工大学应届及往届毕业生40余人次。

四、存在的问题及建议

目前，各级政府现有的政策是支持企业开展产学研合作的，希望这一政策多向中小企业倾斜。因为大企业往往整体实力很强，产学研合作对中小企业更具有现实意义。希望政府加大对中小企业产学研合作的支持力度。

第六节　沈鼓集团产学研合作工作

沈阳鼓风机集团股份有限公司（以下简称沈鼓集团）始建于1934年，前身为沈阳鼓风机厂。沈鼓集团是国内唯一能够生产离心压缩机、轴流压缩机、往复压缩机、泵等产品的企业；是国内唯一拥有风机行业研究所、风机产品质量监督检测中心、水泵行业研究所、国家工业泵质量监督检验中心的企业；是国内唯一具有核一、二、三级泵设计，制造资格与业绩的企业。主要从事研发、设计、制造、经营离心压缩机、轴流压缩机、核泵、往复压缩机等产品，被广泛地应用于石油、化工、化肥、冶金、天然气管道输送、液化天然气、国防、环保等领域。沈鼓集团的产品覆盖全国各地，远销世界25个国家或地区，其中，主导产品离心压缩机被评为“中国名牌”产品，国内市场占有率达到85%以上。

一、多领域、多层次、立体化产学研合作模式

在沈鼓集团的发展历程中，产学研合作发挥了重要的作用。早在1985年，沈鼓集团就先后与西安交通大学、中国科学院等科研院校以联合开发项目的形式开始了产学研合作。进入20世纪90年代，产学研合作不断深化，合作领域不断拓展。1999年，成立了辽宁省首批博士后科研工作站。2001年，先后成立了西安交通大学技术分中心和大连理工大学技术分中心；2005年至2006年，成立了东北大学技术分中心、浙江大学技术分中心。2006年，与大连理工大学联合创建了沈鼓-大工研究院，并正式开始运行。2006年9月，邀请了闻邦椿、陶文铨、李依依、程耿东等知名院士参与企业技术发展决策，成立“特邀院士工作站”。2005年，与西安交通大学签订了全面战略合作协议，2007年，与西安交通大学签订了“共建透平压缩机非定常流动试验基地”和“节能降噪团队”协议，有6位老师专职从事沈鼓集团项目研发，为做强做大沈鼓集团服务。2009年7月，与中国科学院金属研究所签订全面战略合作协议，正式拉开了双方在材料学科方面合作的序幕。至此，沈鼓集团建立了“一院两站四中心”——多领域、多层次、立体化的产学研合作体系，它也成为推动企业技术发展的重要智力源泉。

沈鼓集团还将研发试验系统延伸到高校，在东北大学建立了压缩机转子非线性振动试验台，专门用于压缩机转子故障分析与试验研究；在西安交通大学建立了轴承试验台、进口导叶试验台、非定常流体试验台等研发设施，其中，非定常流体试验基地建设将投资近千万元，建成后，专门用于气体动力学机理研究和工程应用研究，为我国热能专业学科建设和沈鼓集团技术发展奠定了基础。

二、沈鼓集团产学研合作成果

沈鼓集团不断开拓多元化企校合作的新模式，一方面充分利用科研院所的专业优势，实行自主创新基础上的联合研发，“九五”

以来，共组织开展产学研合作项目 213 项，为企业发展做了充分的技术储备；另一方面借助高校的环境氛围，为企业提供培养和吸引优秀的技术人才的平台。

大连理工大学研究院成立 4 年来，有 4 位老师带领 30 多名研究生和工作人员，围绕企业需求，先后承担了 94 项科研项目，已完成 83 项，发表了 48 篇论文，成为沈鼓集团技术创新的重要基地。2007 年，围绕百万吨级乙烯压缩机国产化研制，在沈鼓集团确立的 14 项重大科研课题中，有 3 个项目由大连理工大学研究院承担，其中，离心压缩机蜗壳优化设计项目，使得压缩机组的整机效率提高了 1% ~2%，使单个机组每年节约能耗价值数百万元。沈鼓集团与西安交通大学建立了全面的战略合作体系。目前，西安交通大学共有 11 位老师承担着沈鼓集团项目开发工作，其中数位老师围绕企业长远发展需要及国际风机技术最新发展趋势，在离心压缩机内部机理、噪声等方面开展了前沿技术开发。如高效率、小流量、低马赫数离心压缩机基本级开发项目是世界压缩机尖端技术之一。

沈鼓集团坚持多领域、多层次、立体化产学研合作模式，充分利用国内各科研院所的学科优势，致力建立最高效双赢的产学研合作。例如，沈鼓集团利用中国科学院沈阳金属研究所在材料加工制造方面的优势，与其建立了 4 个有关特殊材质研究、制造工艺开发等方面的产学研项目。2010 年，为顺利实现核主泵国产化研制及效率升级，沈鼓集团与兰州理工大学签订了有关核电站改进型主泵水力模型研究及优化设计项目的协议；沈鼓集团与郑州齿轮研究所合作的焊接箱体高速齿轮传动装置参数化项目、通用齿轮箱软件项目，对齿轮公司的产品升级起到了至关重要的作用。

多年来，沈鼓集团通过产学研合作与自主创新相结合，攻克了 500 多项重大技术突破，实现了多项重大技术装备国产化零的突破。先后在大乙烯领域竖起了 24 万吨/年、48 万吨/年、64 万吨/年、100 万吨/年乙烯压缩机的四座里程碑；在大空分领域实现了 4 万立方米/小时、4.8 万立方米/小时、5.2 万立方米/小时空压机的“三级跳”；累计为秦山一期、秦山二期、大亚湾等核设施生产了核一、二、三级泵 100 多台，实现了我国核电重大装置国产化零的突破；

2008 年完成了 4 台核二级泵样机、百万吨乙烯压缩机、长输管线压缩机、2D125 大推力往复式压缩机等 6 种世界级产品研制。随后，沈鼓集团更进一步，2009 年，完成了百万吨级乙烯压缩机产品的研制，至今运行良好；2010 年，国产第一台 2D125 大推力往复式压缩机在中石化金陵石化分公司成功运行，2011 年 2 月，国产长输管线压缩机三台机组将完成生产制造，到那时，真正意义上的国产化长输管线压缩机将出现在西气东输主干线上，这些将大大地提高我国重大装置国产化的能力和水平。

回顾沈鼓集团 20 多年产学研合作的发展道路，它是一个由起步阶段到不断完善的管理创新的发展历程，它是一个由单一、单方向合作到多层次、多领域、多形式化的繁衍过程，沈鼓集团产学研合作的不断发展和队伍壮大，也是沈鼓集团技术发展、创新能力提升的真实写照。目前，随着沈鼓集团不断发展，技术研究领域的不断扩展、延伸，产学研的战略地位将更加重要。沈鼓集团将高度重视产业战略联盟这一新型产学研合作的重要地位，站在整体行业发展的高度，围绕风机行业的共性问题，努力建立相关技术领域的产业战略联盟，为我国装备制造产业的高速发展贡献力量。

第七节　诺康生物产学研合作

一、产学研合作的方式、特点

辽宁诺康生物制药有限责任公司（以下简称诺康生物）多年来在开发创新药物方面，一直在走产学研结合的道路，一些超前性的课题也都是通过产学研合作完成的。“十一五”期间，公司通过联合开发、技术转让、技术咨询、聘请技术顾问、技术培训等方式，与沈阳药科大学、中国科学院昆明动物研究所、苏州大学、苏州大学血研所、上海现代药物制剂工程研究中心有限公司、辽宁大学、山东省医药工业研究所、澳大利亚昆士兰大学等国内、外知名院校和科研院所完成硫酸沙丁胺醇喷雾剂、凝血因子十激活剂（FXA）、巴曲亭苏州基础研究、白芨多糖注射液、毒蛇标准化养殖管理与蛇毒产品研究开发平台、聚苯乙烯磺酸镧、尖吻蝮蛇血凝酶、一种纤溶酶（Textilinin）的关键技术研究等研究开发课题的科研攻关任务，在对公司的新产品开发注入巨大动力的同时，也为公司提供了强大的技术保障。在产学研合作过程中，公司充分利用高等院校和科研院所的技术、人力等资源和先进成熟的技术成果，同时学校和科研院所利用企业的生产条件，提高自身的科研能力，将科研成果尽快转化为生产力，不断提升辽宁省相关产业的技术和管理水平。双方发挥各自的优势，通过多种形式开展全面合作，共同构建产学研联盟的创新体系，建立产学研长期合作关系。在合作过程中，双方签订产学研合作协议，互相督促，共同推进企业与学校、科研院所的全面技术合作，形成专业、产业相互促进共同发展，努力实现“校企合作、产学共赢”。进一步提升企业的新品开发、技术创新能力，促进科技成果转化，实现共同发展。

二、近年来产学研工作取得的成效

在项目的研发进程中，公司积极与专业研发机构进行了强强联合，发挥各自的技术优势，积极推进了新药研发进程。“十一五”期间，产学研合作取得了一定的效果。

（1）公司与上海现代药物制剂工程研究中心有限公司强强联合，利用合作单位在制剂研究方面的优势，完成公司硫酸沙丁胺醇喷雾剂项目的气雾剂向喷雾剂方面的改剂中药学难题，目前硫酸沙丁胺醇喷雾剂项目已完成药学初步研究，正在进行药效学研究。

（2）在凝血因子十激活剂（FXA）项目中，与沈阳药科大学开展了产学研合作，依托沈阳药科大学雄厚的药理学实力，很好地完成了该项目的药效学研究。

（3）公司与苏州大学血研所联合完成了巴曲亭苏州基础研究项目，深入探索了巴曲亭在人体内的作用机制。

（4）与苏州大学联合开发的白芨多糖注射液项目现已完成生产工艺研究、结构分析、质量标准研究、稳定性研究和部分药理毒理研究。

（5）通过与辽宁大学生命科学院的合作，加强了蛇毒标准化养殖管理与蛇毒产品研究开发平台项目的科研力度。辽宁大学在蛇毒养殖技术、蛇冬眠条件研究、蛇毒生产工艺等方面，给予了一定的技术支持。同时聘请技术顾问对毒蛇养殖的有关技术问题及相关标准操作规程的制定出谋划策。该项目的合作促进了公司蛇毒的标准化饲养、管理与蛇毒产品研究开发工作的顺利进行。

（6）通过与山东省医药工业研究所合作，共同完成了聚苯乙烯磺酸镧项目安全性评价部分的急性毒性试验、长期毒性试验，一般药理学试验和临床前药代动力学试验。聚苯乙烯磺酸镧项目已获中国发明专利和美国发明专利授权，并获得加拿大、日本、欧盟、澳大利亚受理。并完成临床前全部研究工作，获得了临床受理通知书。

（7）尖吻蝮蛇血凝酶项目是公司与中国科学院昆明动物研究所共同研究开发的，该项目是从我国特产尖吻蝮蛇毒中分离提纯的单一组分，主要用于手术及各种出血性疾病的预防和治疗。该产品起效快、作用强、较为安全；经急性及长期等毒性试验未见明显的毒副作用，具有我国独有的知识产权，已获得国家发明专利 2 项，达到国际水平。目前Ⅰ、Ⅱ期临床试验工作已经结束，Ⅲ期临床试验工作正在进行。

（8）关键技术研究，通过与澳大利亚昆士兰大学合作，完成了一种纤溶酶项目国外部分的菌种构建、蛋白分离纯化和相关活性研究。该项目获得澳大利亚、新西兰和美国 3 个国家的专利授权。同时，专利通过 PCT 进行了国际保护，拥有世界知识产权组织国的优先申请权。

未来，产学研合作依然会作为研发工作中一项重要的工作进行开展。公司将与国内高等院校、科研院所继续保持良好的合作关系，进一步促进创新研究工作的开展。

三、存在的问题及建议

通过产学研工作的深入开展，提升了企业研发项目中关键技术的科研攻关能力，借助高校和科研院所雄厚的研发实力，整合资源，发挥各自的技术优势，为公司的研发工作提供了宝贵的经验，促进了项目研发工作的顺利进行，进一步推进了新药研发进程，创造了更大的经济、社会效益。

希望各级政府对产学研工作给予充分的重视和支持，逐步出台相关的政府扶持政策，为企业和科研院所搭建一个公共产学研合作技术平台，通过建立技术创新战略联盟、建设产学研示范基地、建立技术专业中心等方式，进一步加大科技资金扶持力度，落实科技创新政策，加快推进企业产学研工作，促进企业产品转型和经济升级，提升企业的产业发展。坚持以互利共赢为基础，整合国内、外优势资源，建立长效的合作机制，实现双方互利共赢。

第六章　副省级城市科技资源及经济发展比较研究

第一节　科技活动人员比较

科技人力资源是科技资源中最为活跃的因素，是从事科学技术研究活动的人员和专业技术人员，也是科技活动的执行者，包括大学生及研究生、专业技术人员和科技活动人员。其中，科技活动人员是指直接从事科学技术活动和为科技活动提供直接服务的人员，主要分布在科学研究与技术开发机构、科技信息与文献机构、全日制普通高等教育学校、大中型企业和建筑业企业、国防科技企业，是国民经济建设和发展科学技术事业的一支中坚力量，是科技人力资源的主体。各副省级城市科技活动人员和 R&D 人员的情况如图 6.1 和图 6.2 所示。

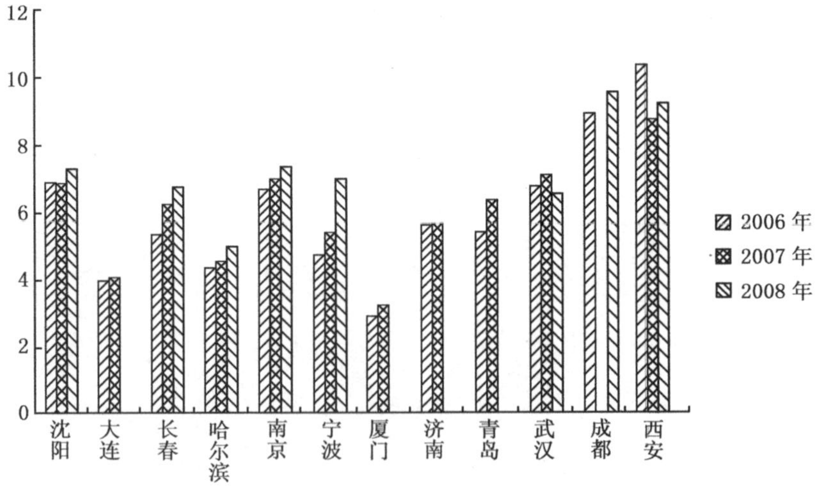

图 6.1　2006—2008 年副省级城市科技活动人员数量变化示意图（单位：万人）

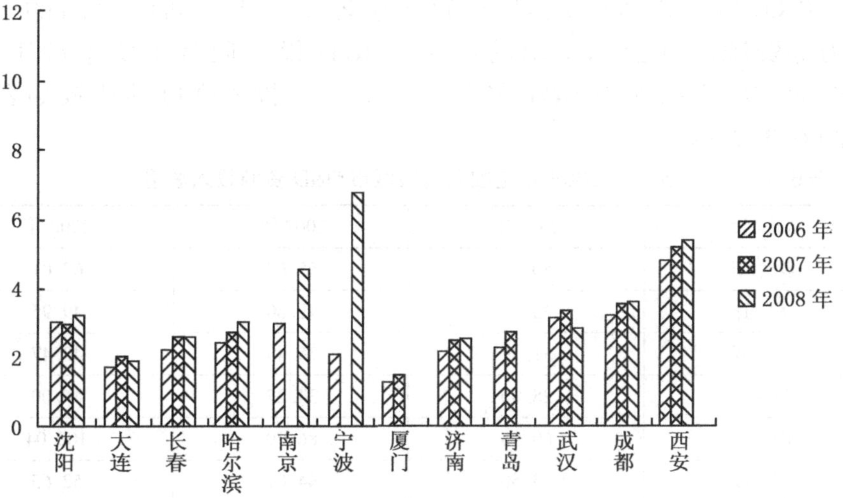

图 6.2　2006—2008 年副省级城市 R&D 人员数量变化示意图（单位：万人）

从图 6.1 和图 6.2 中可以看出，在有据可查的 12 个副省级城市中，长春、南京、宁波的科技活动人员数量增长较快，但总体变化幅度不大。在 R&D 人员数量方面，宁波的增长速度最快，由 2006 年的倒数第 3 位上升到 2008 年的第 1 位，增幅达到 243.64%；其次为南京，由 2006 年的第 5 位上升到 2008 年的第 2 位，增幅为 53.46%。沈阳市无论是科技活动人员数量还是 R&D 人员数量，都在 12 个副省级城市中位居中游，没有明显的优势，这与沈阳市作为拥有 28 所本科高等院校、116 个科研机构、27 个研究生培养单位的教育大市的地位是不相称的。

第二节　R&D 资源投入强度比较

在科技资源体系中，R&D 是科技活动中最具有创造性和创新性的部分，是整个科技活动的核心，不仅是科学知识与技术知识的源泉，同时也是解决技术难题、实现技术突破的重要方式。R&D 活动的目标是产生、应用及传播科技知识，而不是直接生产物质产品。因此，R&D 资源是科技发展最宝贵的资源，也是促进经济发展的关键因素之。

R&D资源投入强度是指社会为支持科技活动而付出的经费、人力等资源占社会总支出的比例。R&D投入通常主要来源于政府和企业。副省级城市R&D资源投入总量与投入强度的比较如表6.1和图6.3所示。

表6.1　　2006—2008年全国副省级城市R&D资源投入总量　　亿元

城市名称	2006年	2007年	2008年
沈　阳	50.00	55.67	67.01
大　连	33.13	42.80	49.95
长　春	31.42	35.43	48.47
哈尔滨	28.80	34.27	46.00
南　京	69.93	86.79	100.04
宁　波	33.50	44.07	52.65
厦　门	23.30	23.41	26.57
济　南	52.49	51.86	57.66
青　岛	69.96	76.86	94.09
武　汉	42.09	51.95	91.08
成　都	46.87	60.45	72.30
西　安	58.26	74.99	96.56
广　州	103.50	132.90	164.3
深　圳	190.85	221.87	260.39
杭　州	83.28	105.01	122.2

通过表6.1可以看出，近年来各地方政府纷纷加大了科技投入力度，其R&D经费投入都有明显的增加，尤其是深圳连续三年经费投入排在各城市之首，其中过百亿的城市有四个，分别为广州、深圳、南京和杭州。从增长幅度来看，15个副省级城市中增幅最大的是武汉，达到116.39%；其次是西安，为65.74%。沈阳市尽管近年来不断地加大对科技的投入，R&D经费投入总额由2000年的15.97亿元增长到2008年的67.01亿元，增长了4.20倍，但与其他城市相比，仍有较大的差距，在15个副省级城市中处于中等偏后的位置，仅排在第9位，尤其是近三年增长幅度仅高于济南和厦门，排在倒数第3位。综合近三年的情况，无论是经费投入总量，还是增长幅度，广州的总体趋势是最好的，其次是西安，而最差的

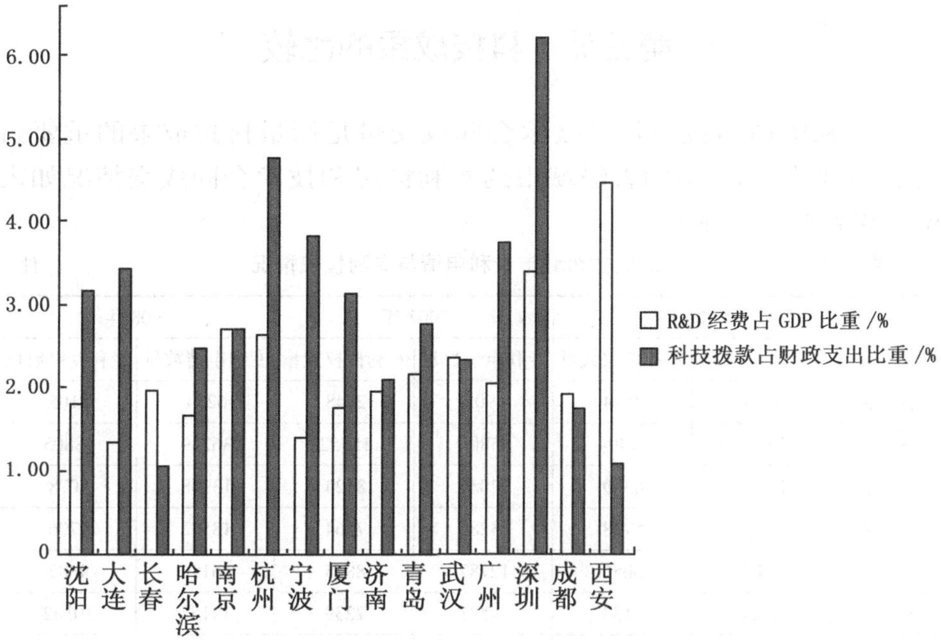

图 6.3　2008 年全国副省级城市 R&D 资源投入强度比较

是厦门。

R&D 经费占 GDP 比重是目前国际通用的衡量科技活动规模、科技投入水平和科技创新能力高低的重要指标，它在很大程度上反映了一个区域的经济增长潜力和科学发展的能力。从图 6.3 可以看出，2008 年沈阳市科技拨款 12.55 亿元，占财政支出比重为 3.09%，在 15 个副省级城市中排名第 6 位。R&D 经费占 GDP 比重超过 2% 的有 7 个城市，分别是西安 4.41%、深圳 3.34%、南京 2.65%、杭州 2.56%、武汉 2.30%、青岛 2.12%、广州 2.02%，而沈阳市 R&D 经费占 GDP 的比重为 1.74%，仅比 2007 年提高了 0.01 个百分点，在 15 个副省级城市中排名第 11 位。可见，尽管沈阳市政府非常重视科技投入，给予了大量财政拨款，但沈阳市总体科技水平和科技创新能力仍很低，可能是科技经费投入的方向有误或政府政策的导向和执行方面的问题，同时也说明沈阳市的企业科技创新能力不足。

第三节 科技成果的比较

专利申请与授权量及技术合同成交量是衡量科技成果的重要指标，近年来，15 个副省级城市的专利情况和技术合同成交情况如表 6.2 和表 6.3 所示。

表 6.2 全国副省级城市专利申请与专利授权情况 件

城市	2006 年		2007 年		2008 年	
	专利申请数量	专利授权数量	专利申请数量	专利授权数量	专利申请数量	专利授权数量
沈阳	4337	2514	4905	2848	6254	3105
深圳	29728	11494	35808	15552	36249	18805
广州	12293	6389	12057	8524	13968	8078
杭州	10715	5728	13284	7564	18512	9706
宁波	10413	6056	12787	8845	16156	9882
成都	9024	5133	14591	7239	19167	10342
济南	8219	3108	8969	4119	11572	4567
武汉	8125	2855	9014	4044	11270	5329
青岛	7830	3115	7016	3595	8369	3311
大连	7104	2118	8730	2957	8095	3507
南京	6793	2890	8032	3778	11692	4816
哈尔滨	3740	1846	4293	2282	4951	2400
西安	4172	1772	6768	2529	9584	3285
厦门	2966	1990	3050	2402	3336	2330
长春	2680	1304	3418	1666	3454	1814

表 6.3 全国副省级城市技术合同成交情况 项、亿元

城市	2006 年		2007 年		2008 年	
	合同数	合同成交金额	合同数	合同成交金额	合同数	合同成交金额
沈阳	5301	40.22	7954	51.02	8723	58.06
深圳	2797	46.0	3747	49.41	4631	83.54
广州	9437	55.9	11009	77.11	6479	95.95
杭州	13520	33.8	11876	34.63	13045	40.21
宁波	1252	3.1	943	2.33	929	4.88

续表 6.3

城市	2006年		2007年		2008年	
	合同数	合同成交金额	合同数	合同成交金额	合同数	合同成交金额
成都	3076	20.1	4162	24.51	4702	34.3
济南	2237	9.1	2579	15.58	2654	17.35
武汉	5138	41.9	7905	50.43	6699	60.23
青岛	1681	5.4	2218	8.79	1916	9.38
大连	4660	31.6	4370	34.42	6239	38.66
南京	7858	52.5	9633	55.59	8887	59.92
哈尔滨	1322	13.3	1282	33.34	1321	37.3
西安	3534	17.9	4850	29.90	4834	43.38
厦门	2149	6.8	1531	6.97	1830	9.48
长春	4069	14.5	3519	17.36	3381	18.94

从表6.2和表6.3中可以看出，无论是专利申请还是专利授权量，深圳都具有绝对优势，远高于其他城市；成都的位次提升速度最快，专利授权量由2007年的第5位提升至2008年的第2位；沈阳市尽管2008年专利申请量有了较大幅度的增加，由2007年的4905件增加到6254件，但在专利授权量的增长幅度上却没有明显的变化，而且在15个副省级城市中的位次在不断后退，由2006年的第10位降至2008年的第12位。

从科技成果转化的角度看，科技成果转化率最高的是杭州，其技术合同成交量连续三年居各城市之首，2008年成交合同13045项，沈阳的合同成交数近年来持续增加，位次也由2006年的第4位提升至2008年的第3位。而从成交金额看，广州连续三年排名第一位，宁波无论是技术合同成交数还是成交金额，均排在最后。

第四节　科技资源投入与地区经济发展的关系

一个地区的科技领域、科技管理领域的良性运作和发展必然会使得该地区的科技力量较为成功地融入劳动力、劳动工具中，使得人们的文化知识水平、专业技能得以提高，劳动工具得到有效改进，从而大力提高社会劳动生产率，推动经济发展和社会进步。相反，如果一个地区的科学技术水平、科技管理水平得不到提高，科学技术相对落后，无法适应经济发展要求，那么经济赖以发展的各种人力资源、自然资源必然得不到有效开发和配置，其利用率得不到提高，产品技术含量有限，缺乏竞争力，经济发展必然受挫。可以说，在经济可持续发展中，科学技术水平及科学技术管理水平的不断提高起着至关重要的作用。从总体上看，一个地区 R&D 投入越大，则对该地区经济发展的刺激作用越明显。见图 6.4。

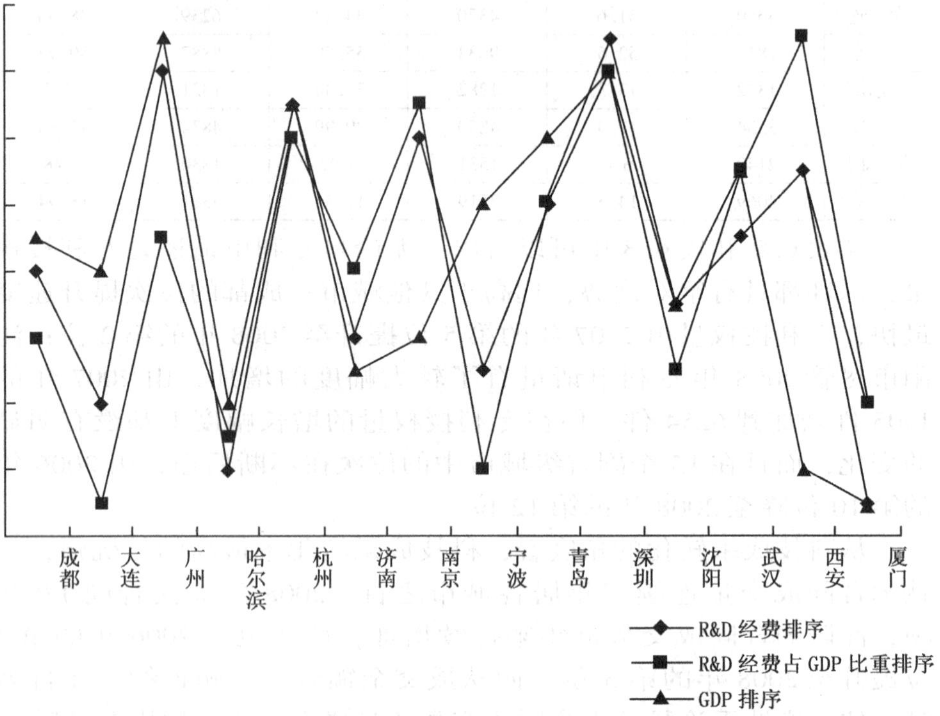

图 6.4　2008 年全国副省级城市 R&D 资源投入与经济发展关系示意图

第五节　支柱产业的横向比较分析

为更好地了解沈阳市支柱产业现状及其与其他先进城市之间的差距，本书根据城市规模、地区生产总值和第二产业地区生产总值三项指标，选取与沈阳市较为接近或处于同一集团的五个副省级城市，即大连、青岛、武汉、宁波和南京，就其相关产业加以比较分析。见表6.4。

表6.4　各城市相关产业主要工业指标

类型		工业增加值/亿元	工业增加值率/%	产业发展速度/%	全部从业人员年平均人数/人	全员劳动生产率/万元
装备制造业	沈阳	628.36	26.56	237.07	301457	20.84
	大连	460.06	29.27	233.49	313130	14.69
	青岛	627.73	27.33	189.80	310659	20.21
	武汉	313.49	26.28	235.04	175547	17.86
	宁波	540.03	21.48	200.94	793579	6.80
	南京	280.86	26.95	167.05	185045	15.18
医药化工业	沈阳	110	28.27	184.09	56007	19.65
	大连	57	36.21	180.24	43552	13.09
	青岛	199	29.42	230.75	113980	17.46
	武汉	54	32.69	130.03	39056	13.83
	宁波	107	15.03	330.64	57793	18.51
	南京	371.33	28.85	203.41	83803	44.31
电子信息业	沈阳	54	33.56	207.39	24977	21.63
	大连	107	27.58	175.84	56164	19.05
	青岛	132	27.02	148.70	67893	19.44
	武汉	163	48.01	383.17	33148	49.17
	宁波	101	16.62	284.66	99538	10.15
	南京	389.04	30.29	174.96	84458	46.06
农副产品加工业	沈阳	213	31.48	199.38	85322	24.95
	大连	121	30.64	232.22	114102	10.60
	青岛	449	32.7	211.36	327252	13.72
	武汉	217	51.34	198.11	57834	37.52
	宁波	191	26.66	143.51	252509	7.56
	南京	53.93	17.38	153.55	44264	12.18
黑色金属冶炼及压延加工业	沈阳	57	32.86	126.87	9737	58.25
	大连	46	25.57	368.29	26023	17.68
	青岛	43	13.27	188.32	16575	25.94
	武汉	171	29.19	165.37	95296	17.94
	宁波	27	9.23	229.16	21855	12.35
	南京	128.72	23.07	162.70	27018	47.64

续表 6.4

类　型		工业增加值/亿元	工业增加值率/%	产业发展速度/%	全部从业人员年平均人数/人	全员劳动生产率/万元
有色金属冶炼及压延加工业	沈阳	38	27.80	231.70	13723	27.65
	大连	4.6	30.04	401.34	1787	25.74
	青岛	24.8	26.20	576.31	5690	43.59
	武汉	1.9	11.70	123.58	2304	8.25
	宁波	35.2	7.63	273.54	28626	12.30
	南京	60.33	27.00	855.07	5540	108.90

注：鉴于各城市统计局统计口径的差异，表中将机械装备制造业、汽车及零部件制造业及航空航天业合并称为装备制造业。

从表 6.4 中可以看出，沈阳市装备制造业在六个城市中发展最好，工业增加值、产业发展速度、全员劳动生产率等指标均居六个城市之首，但领先优势不大。电子信息产业尽管近三年来发展较快，但和其他城市相比，仍有较大差距。

(1) 装备制造业。

从绝对指标工业增加值看，沈阳、青岛较为接近，均超过了 600 亿元，而相对指标工业增加值率则六个城市没有太大的差别，从产业发展速度看；沈阳、大连和武汉基本持平，从全员劳动生产率看，沈阳和青岛都超过了 20 万元。从总体上说，沈阳在装备制造业方面具备一定的比较优势，但优势并不明显。

(2) 医药化工业。

从工业增加值看，沈阳在六个城市中排在中间位置，但与排在前两位的南京和青岛差距较大，仅相当于这两个城市的 29.62% 和 55.28%；从全员劳动生产率来看，沈阳市为 19.65 万元，仅次于南京的 44.31 万元，在六个城市中排名第二。

(3) 电子信息业。

从对比数据可以看出，尽管沈阳市近三年电子信息产业发展较快，达到 207.39%，但和其他城市相比，仍有较大差距，工业增加值只有除南京以外其他四个城市平均数的 42.86%，这也是沈阳市支柱产业中，总体实力与其他城市差距最大的一个，全员劳动生产率略高于大连和青岛，排在第三位。

(4) 农副产品加工业。

从表6.4中可以看出，尽管青岛的工业增加值率32.7%与沈阳31.48%相差不多，但总的增加值较高，达到449亿元，远高于沈阳，吸纳就业人数也是最多的；沈阳的工业增加值为213亿元，略低于武汉，排在第三位；在全员劳动生产率方面，仅低于武汉，为24.95万元，排在第二位。

（5）黑色金属冶炼及压延加工业。

在黑色金属冶炼及压延产业，武汉的工业增加值遥遥领先，达到171亿元，其次为南京，沈阳以57亿元排在第三位；在工业增加值率和全员劳动生产率方面，沈阳市分别达到32.86%和58.25万元，在六个城市中排名居首。

（6）有色金属冶炼及压延加工业。

从表6.4中可以看出，沈阳市虽然工业增加值和工业增加值率分别以38亿元和27.80%排在第二位，但产业发展速度却在六个城市中排在倒数第二位，仅高于武汉。

第七章　沈阳市科技资源整合与产学研合作的问题分析

第一节　管理体系有待进一步完善

从整体情况来看，由于沈阳市科技体制具有明显的行政干预力，使整个科技资源配置机制仍未完全有效地运用市场竞争的手段，尤其是在开发人才和经费投入方面都以政府行为为主，科技资源系统内部各要素之间缺乏足够的沟通与合作。

一、体制不够完善

体制是决定资源配置成效的关键因素。沈阳市60%以上的机构科研独立于企业之外。这样的机构配置体制一方面使独立于企业之外的研究机构脱离市场，盲目开发，大量科研成果被束之高阁；另一方面，由于缺乏先进技术，产品失去竞争力，企业生产困难。科研机构游离于企业之外，是沈阳市科技力量还没有真正成为推动经济发展的“内生变量”及科技成果转化率和科技进步贡献率双低的重要原因。同时，沈阳市科研机构条块分割、军民分割、部门分割、地区分割、学科分割的体系“病”仍旧相当明显。体制是机制得以成功运行的载体。在现行体制下去运行市场竞争机制、产学研联动机制，其效果是可想而知的。在制度方面，现行法制规范、政策导向等必然导致管理分散、宏观调控乏力、科研与经济脱节的后果。

二、机制缺乏活力

在一个富有成效的机制运行中，政府的角色定位十分重要。政府以行政资源发挥必要的协调、沟通、启动作用是不可或缺的，但是政府又不能以行政权力过度干预全部的配置活动而使机制僵化，这已被发达国家科技资源配置结果所证明。但受到计划经济思维的影响，由于我国宏观体制转轨尚在进行中，政府角色定位的问题依旧存在，政府难免在科技管理过程中存在双重错位，对主要适宜市场机制发挥作用的领域干预过度，存在越位现象；对主要应由政府和非市场力量作用的领域有管理，但又力度不够，存在缺位现象，使得科技资源配置机制运行具有不确定性。

三、创新功能不足

创新的重要环节是 R&D 活动，尤其是企业基础研究，而沈阳市的企业基础研究投入低，对潜在的、长期的、战略性的技术创新的基础性研究支持薄弱，导致以知识创新为基础的技术创新缺乏原动力，也难免资源利用效用不高。创新的另一个重要环节是 R&D 成果的应用和转化。沈阳市 R&D 成果转化为现实的、直接的生产力相对较低，不能转化为经济效益，使得 R&D 经费沉淀在知识形态的成果中，随着时间的推移，也就丧失了先进性。沈阳市科技成果产出率本已不高，同时应用和转化率低，直接导致科技对经济增长的贡献率低。

第二节　经费投入配置比例不合理

一、R&D 经费总额不足

2008 年沈阳市 R&D 经费支出为 67. 01 亿元，比 2007 年增长 20. 37%；占生产总值（GDP）的比重为 1. 74%，虽然高出全国平均水平 0. 2 个百分点，但与其他副省级城市相比，还远远落后，在 15 个副省级城市中，仅排在大连、哈尔滨、宁波、厦门之前，排名第 11 位，比排在第一位的西安低 2. 67 个百分点。其中政府财政科技拨款额为 12. 55 亿元，占当年政府财政支出的 3. 09%，在 15 个副省级城市中排名第 6 位。同年杭州市 R&D 经费支出为 122. 2 亿元，占生产总值（GDP）的比重为 2. 56%；政府财政科技拨款额为 18. 23 亿元，占当年杭州政府财政支出的 4. 71%。深圳市 R&D 经费支出为 260. 39 亿元，占生产总值（GDP）的比重为 3. 34%；政府财政科技拨款额 54. 68 亿元，占当年深圳市政府财政支出的

6.15%。沈阳市政府引导性资金投入不够，势必影响到科技资金的总筹集。当年全国 R&D 活动人员的人均经费支出为 23.5 万元，沈阳为 22.04 万元，低于全国平均水平。2008 年，沈阳市高新技术产业平均研发强度（R&D 经费支出与产品销售总收入之比）为 2.48%，在高新技术行业里明显偏低。

二、R&D 经费类别构成不合理

2008 年，全国研究与试验发展（R&D）经费总支出为 4616.0 亿元，基础研究、应用研究、试验发展经费支出所占比重分别为 4.8%，12.5% 和 82.8%。当年沈阳市 R&D 经费内部支出约为 67.01 亿元，基础研究、应用研究、试验发展经费支出所占比重分别为 3.70%，23.27% 和 66.47%。基础研究比重是衡量一个地区科技实力的标志，沈阳市的基础研究经费投入比重低于全国平均水平，表明沈阳市尽管拥有较为丰富的科技资源存量，但更多地侧重于产业化项目的研究，对原始性创新的研究重视程度不够，这使得科学研究对技术创新的支撑作用仍然较弱，技术创新水平有待于进一步提高。

第三节　人才队伍结构性矛盾突出

充分发挥科技人才的积极性、主动性、创造性，是实现科技资源整合与共享首先要考虑的因素，而在市场经济条件下，企业应当是科技活动的主体，是科技资源的主体。

目前，从沈阳市科技活动人员情况看，尽管我市科技活动人员总量较大，但分配还不够合理。2008 年，沈阳市科研机构、高等院校、大中型工业企业从事科技活动人员的数量分别为 1.44 万人、2.03 万人和 3.75 万人，分别占科技活动人员总数的 19.94%，28.12% 和 51.94%，尽管大中型工业企业的科技活动人员达到总数的 5 成，但与深圳、宁波等城市相比，仍有较大差距，远远无法满足城市经济发展的需要。一方面，大量的科技人才都集中在“象牙塔”式的科研院所和大学校园内，并且由于工资与激励机制的扭曲，科技人才未把主要精力放在研究发明上；另一方面，企业的研发人才不足。正是由于科技人力资源的结构性矛盾突出，使得我市整体自主创新能力不强，制约着城市经济和社会发展。

同时，沈阳市科技人力资源的结构性人才过剩和结构性人才短缺问题也较为突出。某些专业的过剩人才用非所学，难以发挥技术所长，而某些专业人才明显不足，科技应用研究人员短缺，学科带头人和高级技能人才尤为缺乏。

第四节　产学研合作的导向急需加强

尽管沈阳市形成了共建科技园区、研发中心、企业研究院等模式的产学研合作形式，也取得了一定的合作成果，但科技资源优势与经济发展滞后的矛盾依然突出，在产学研合作方面，还存在以下几方面问题。

一、产学研合作支撑作用明显不足

沈阳市以机械装备制造、汽车及零部件制造、农副产品加工、电子信息、医药化工、黑色金属冶炼及压延加工、有色金属冶炼及压延加工、航空航天八大产业作为经济发展的支柱产业，但是，目前为这八大支柱产业的发展提供科技支撑的产学研合作组织仍然很少。现有的科技资源尽管也与这八大支柱产业中的部分企业组成了产学研联合体，但是没有形成合力，在产业与科研的互信与配合、产业共性关键技术攻关、科研任务的梯次配置、产学研各方参与的广度与深度、资金的有效利用上，都缺乏高效的组织管理，没有形成良性循环，在产业竞争中体现不出沈阳市科技资源的优势，也难以形成良好的产业发展科技支撑平台环境，同时，增加了产学研合作各方的合作成本，导致产学研合作中的技术需求与技术供给双向不足。

二、没有真正确立企业的主体地位

一个地区的科技资源配置方式和机制根本上从属于该地区科技创新体系的体制和机制。由于创新体系中市场要素发育不足，沈阳市科技创新的主要模式依然是政府为主导、科研机构为主体，企业并没有真正成为技术创新的主体。拥有丰富科技资源的高等学校、科研院所和国有企业受到传统管理体制、研发导向的影响，不适应企业技术创新的要求，创新主体在研究开发、技术创新、成果转化等环节无法满足区域创新系统发展的需要。这导致产学研合作的重心不在企业，企业尚未成为联合创新的决策主体、投入主体、利益主体和风险承担主体；产学研合作层次较低，仍停留在技术转让、合作开发和委托开发上，而共建研发机构、共建技工贸一体化的经济实体等高层次的合作较少，以利益机制为导向的通向企业的科技资源流动管道没有真正形成。

三、科研考评体系与目标考评体系错位

长期以来，在以学术评价为主的科研考评体系中，科研单位在职称评聘、定编定岗、学科建设中，看重的是承担和完成国家“863”计划、国家“973”计划、国家自然科学基金等国家部委发布的重大、重点科研项目的情况。在高校的科研考评体系中，各高校不同程度地存在以纵向科研项目的级别、科研经费的多少、发表高水平论文的数量、专利的数量、所获奖励级别和数量来评定科研成果的价值，而轻视技术开发、横向项目、技术转移和专利技术的产业化。这种考评体系体现了科技成果的“技术价值”，忽略了“市场价值”，从而导致科研更多地关注理论创新而不是市场需求。沈阳市企业在产学研合作方面的小投入更加重了科研单位重技术价值而轻市场价值的现状。

四、市场导向机制与政策保障体系匮乏

建立以企业为主体、市场为导向的产学研相结合的技术创新体系，是实现科技成果向现实生产力转化的主要途径。但高校、科研院所与企业的目标和利益存在较大的差异，高校和科研院所的科技工作考核与评价体系、职称评定制度、科技进步奖励制度中存在一些制度性障碍。政府在促进产学研结合方面的宏观政策提倡多，具体政策倾斜少，政策法规环境有待完善。产学研结合的组织形式比较松散，行为短期化，往往以临时组合争取政府项目为目的居多，缺乏满足产业技术创新的持续性，缺乏创新成果产业化的保障机

制。政府计划资源的配置方式还不适应推进产学研结合组织方式探索的需要，还未充分发挥引导地方产业技术创新的调控作用。相关部门之间缺乏沟通协调和统筹安排，导致本就匮乏的技术创新要素分散、交叉、重复，难以集成聚焦在产业持续创新链上，不利于提升自主创新能力。

第五节 成果转化相关渠道堵塞严重

沈阳市科技成果转化渠道不畅主要体现在两方面。一是科技中介环节薄弱。近年来，沈阳市科技中介服务机构的规模较以前有了大幅度的增长，取得了一定的成绩，但这种增长更多地表现为数量上的增加，与市场经济条件下科技中介服务机构的建设目标相比，还存在相当大的差距。二是合作不力，科技资源联动不足。目前，沈阳市科研开发体系由各级政府部门科研机构、高等院校、企业科研机构等组成，在隶属关系上，又分为中央直属、辽宁省直属和市属等部分，缺乏“产学研”联动机制。一方面科研机构和大学难以参与企业的技术引进、消化吸收和创新；另一方面科研机构、大学承担的攻关项目，企业也不能有效参与，知识成果从科研机构、大学向企业流动被限制。这种组织结构必然产生科技力量分散和科技资源浪费的弊端，导致管理分散、宏观调控乏力、科技与经济脱节的后果。

第六节 信息资源开发利用相对薄弱

当前，沈阳市对科技信息资源建设的重要性缺乏足够的认识，科技文献资源数量和质量较发达城市相对差距很大，科技文献信息资源对沈阳市科技创新体系的支撑、保障力度还较弱。科技文献信息资源建设缺乏在政策法规、技术标准和规范等方面的支持环境，从而制约了沈阳市科技文献信息资源的建设和发展。

一、建设缺乏统一规划

目前，全国已有许多地区参照《2004—2010 年国家科技基础条件平台建设纲要》及本地区科技、经济发展的需求，制定了本地的科技文献信息资源的建设规划。由于管理体制的原因，沈阳市的科技信息资源建设目前仍按照公共图书馆、高等院校、科研院所等行政体制独立进行。科技信息文献资源长期处于零散、封闭的状态。由于没有全市层面的整体规划和统一布局，沈阳市的资源建设缺乏明确的目标和任务，总体布局与资源结构缺乏宏观调控。

二、共享机制需要提高

由于管理体制、运行机制的落后与僵化，缺乏资源共享意识和全局观念，沈阳市各类科技文献信息机构科技信息资源建设自成体系、自给自足，信息资源配置不重视纵横结合、协调发展，不可避免地造成资源的种类与品种总量严重不足，文献覆盖率低，大量通用型文献和数字化期刊等收藏重复购置，而某些重要学科领域文献稀少甚至空白，科技信息资源的总体布局与资源结构比例失调，使有限的科技资源得不到充分的利用，难以支持科技创新活动顺利进行。目前，沈阳市缺乏一个权威性的机构对全市范围的信息资源共建共享进行统筹规划，将全市的科技信息资源高效配置并综合集成，实现资源共享。

第八章　整合科技资源，推进产学研合作的战略对策

第一节　发挥大学城硅谷效应和引擎作用

沈阳市经过将近十年的建设，初步形成了“浑南”和“沈北”两个大学城，聚集了沈阳市大部分高等院校和科技创新资源。应该进一步发挥大学城的技术优势、人才优势和创新优势，加大科研成果的转化和产业化，密切产学研关系，真正建设成科技成果产业化基地和科技创新高地。

第一，发挥浑南“三校三所”的硅谷效应。充分发挥东北大学、沈阳理工大学、沈阳建筑大学和中国科学院金属研究所、中国科学院自动化研究所和中国科学院生态研究所的核心骨干作用，促进科技成果的产生、转化和产业化，推进高新技术产业特别是战略性新兴产业的集群化发展，打造沈阳硅谷。

第二，发挥沈北大学城的引擎作用。沈北汇集了辽宁大学、沈阳师范大学、沈阳航空航天大学、沈阳工程学院、沈阳医学院、辽宁中医药大学等高校，它们在各自领域中各具特色，具有行业优势，应充分发挥各自行业领域内的引擎作用，促进特色产业发展。

第三，东西合璧。东部利用沈阳农业大学、沈阳药科大学和辽宁省农业科学院的优势，大力发展生物医药和现代农业；西部发挥沈阳工业大学、沈阳化工学院优势，为大力发展装备制造业提供科技支撑。

同时，应该以战略的眼光来运作和发展大学城，不仅吸纳沈阳市科技资源和创新资源来大学城发展，还要吸纳国外和国内优质资源，包括吸引清华大学、浙江大学、北京航天航空大学、上海交通大学等国内一流大学来沈阳创业发展。应该进一步深化大学城建设，着手筹建科技成果转化功能更强的大学科技城，在浑南选择

5 平方千米左右的地域，推进科技研发、公共服务、交通绿化等环境和基础设施建设，加快编制总体规划方案和区域创新发展规划。发展方式可以采取建设科技园、研发中心、技术平台或成果转化基地等渠道。“十二五”期间，沈阳市提出建设国家中心城市、先进装备制造业基地和生态宜居之都的奋斗目标。为了实现上述目标，将大学城建设作为大力提升自主创新能力、实现工业化和信息化深度融合的新引擎与突破口，充分发挥国家新型工业化综合配套改革试验区先行先试的强大优势，坚持产学研相结合的驱动模式，坚持以产业为导向，重点围绕发展战略性新兴产业、改造提升传统产业和建设先进装备制造业基地，着力引进国内、外知名高校、科研院所和研发团队，大力促进科技成果转化为现实生产力，加快把沈阳大学城打造成为国家科技创新的新高地。

第二节　构建“产学研”合作价值融合机制

无论是从国内的实际情况出发，还是从国际科技经济发展的潮流来看，依靠产、学、研三方的密切配合，进行科技资源的优化重组，都是实现科技资源优化配置的重要途径。沈阳市的龙头企业，尤其是高新技术企业，如东软集团、新松机器人、辽宁禾丰牧业股份有限公司等，都是产学研合作的典范。在目前沈阳市很多产学研合作项目中，企业积极性很高，高校和科研机构提供的技术也很好，但合作的过程却非常艰难。其中一个重要的原因就是利益分配问题没有得到很好的解决。因此，进一步加强科技成果转化和科技资源的高效配置，就要解决制约合作的利益分配和激励机制问题。

大学与科研院所的考评机制不同，与企业的考评机制更是相去甚远。应探求将大学以论文为主的考评体制、科研院所以科技成果为主的考评体制与企业中以经济效益为主的考评体制建立起转化机制。通过解决好学术价值与商业价值的冲突，降低技术交易成本，加速营造适宜产学研合作创新的市场环境，建立风险防范机制，建设新型创新文化，发挥合作创新的互补效应。同时建立起利益评估与分配的监督实行机构，发挥政策对产学研合作的促进作用，实现产学研合作模式的合理转换和价值融合机制的形成。

第三节 创新投入、应用和分配的市场模式

一、创新投入、分配模式

建立完整的投入、应用和产出体系，形成大学、政府部门、企业分段式投入模式。对于新技术的开发和产业发展，尤其是风险大、投资大、公益性强的项目，应以政府先期投入为主导，引导大学、科研院所从事开发研究，待技术成熟后，引导企业大量投入生产，开发市场，形成产业化。实现政府得势，企业得利，科技人员名利双收，实现科技投入与利益分配相结合的合作模式。

二、创建政府科技经费投入的稳定增长机制

为保证科技经费投入的增加，必须建立政府科技经费投入的“稳定增长机制”，构成财政科技投入保障体系，充分发挥政府投入资金的引导作用。一是要坚持科技投入与科技发展战略和经济发展水平相协调；二是要清晰界定政府和市场活动边界，对于市场能够充分发挥作用的科技领域，应交由市场营利主体来实施；三是要建立财政、税收、金融等协调配合投入机制。

三、建立多元化的科技资金投入体系

要努力创建多元化、多层次的金融资本市场体系，引导和激励社会资源对科技创新活动的投入，逐步形成以政府为主导，以企业为主体，优惠政策作引导，银行贷款为扶持，社会集资和引进外资为补充的适应社会主义市场经济和科技发展需要的多层次、多渠道、全方位科技投入新体系。

四、推动企业成为科技投入主体

政府有限的资金对于庞大的科技创新投入主要发挥导向和引导作用，增加科技投入，关键还要靠企业自身。在市场经济条件下，科技创新的主体是企业，增加科技创新投入的关键也在企业。在现阶段，政府仍应加大对企业科技创新的支持力度，为其研发投入提

供一种完善的外部制度环境，引导企业和社会加大科技投入。一是引导企业改变投入结构，加大技术开发经费比重；二是进一步调动各类中小企业加强科技投入的积极性；三是利用政府采购等手段引导和支持企业增加科技投入。

五、改善科技经费投入的管理机制

科技资源的整合离不开科技管理的创新。改善科技经费投入的管理机制，一方面是要保证科技投入的稳定增长；另一方面要加强对科技投入及其形成的科技资源的管理。一是建立宏观调控机制，建立“顶层设计”制度，提高科技投入决策水平。市、区有关部门要加强对政府投入经费的统筹与协调，统一对政府科技经费的投入方向、重点进行规划，集中有限的经费投入到经济和社会发展的重大项目。二是对存量科技资源摸清家底、有效整合，对增量科技资金运用应努力形成问效问责管理制度，存量、增量的运用都应打破“条块分割”，协调政府体系内、外力量，形成有效的管理调控模式，以管理提高现有财政科技投入资金的针对性和有效性，提升经济效益和社会效益。三是科技管理部门的工作重心由微观管理为主向宏观管理为主转变，围绕产业技术创新，实现科技资源配置由分散走向集成。加强重点领域的技术集成，组织多部门、多学科、多项技术集成的重大科技攻关项目，实现优势互补；加强财政科技资金集成，集中投向经济社会发展中的重大和关键技术的研发，发挥财政资金的引导和激励作用，实现财政资源与社会资源的良性互动；加强科技系统资源集成，优化组合，资源共享，强化公共研发平台和服务平台建设。

第四节　实施科技人才开发和利用战略

一、大力实施人才强市战略

一个地区的经济社会发展靠科技，科技进步靠创新，科技创新靠人才。人才是科技创新的关键要素。科技创新人才资源已成为社会发展的第一资源和强大动力。要坚持以人为本，牢固树立人才资源是第一资源的观念，认真落实科学的人才观，以加强创新能力建设为主线，以深化改革为动力，全面解放人的生产力，以优化科技创新环境为基础，以调整优化人才结构为突破口，以提高科技人力资源质量为重点，以创新科技人力资源管理与分配机制为手段，紧紧围绕全市经济和社会发展、产业结构调整，整合与优化科技人力资源配置，坚持开发人才、培养人才、引进人才、使用人才和凝集人才并重，全力用好已有科技人才，积极吸引国内、外科技人才，加快培养后备科技人才，进一步形成育才、引才、用才和聚才的良好环境，充分发掘和发挥科技人才的创新潜能与积极性，培养壮大科技创新人才队伍，全面提升科技人才的创新能力与水平，建设一支与沈阳市经济、社会发展相适应的规模宏大、结构合理的科技人力资源队伍，为沈阳市经济社会快速发展提供科技人才智力保证。

二、加强科技人才队伍建设

全球激烈的科技人才竞争使人才稀缺成为世界性的问题。人才的外流与回流的失衡，正在成为沈阳市科技创新的“瓶颈”。面对国内、外人才竞争的严峻局面，积极开发区域内的科技创新人力资源是重要途径之一。沈阳市的科技人力资源总量并不少，而科技活动人员和 R&D 人员则仅居于中游水平，尚有比较大的开发潜力。政府应制定鼓励政策，调动科技人员投身科技创新活动的积极性，吸引大批科技人员向研发活动一线集聚，尤其要投入到高新技术产业和传统优势产业的技术创新。

(1) 加强企业科技人力资源的开发。

技术开发人员匮乏是制约沈阳市企业技术创新的“瓶颈”之一。要充分发掘企业已有的科技人力资源，制定激励政策，对企业科技骨干实施风险年薪制和股权、期权制，鼓励以知识资本、技术等作为生产要素参与收益分配，同时，以配股、送股、奖股等方式奖励科技创新，调动企业工程技术人员从事研发的积极性。制定鼓励政策，吸引大批工程技术人员进入企业或投入企业的技术创新，建立人才流向企业的导入机制。加快建立和完善现代企业制度，深化企业用人制度，发展风险投资，保护知识产权，优化创新环境，围绕产业结构调整升级和科技创新，吸引一批科技人才进入企业。

(2) 加强高校和科研机构科技人力资源开发。

利用科研院所转制和兴建大学科技园的契机，鼓励科研院所和高等院校的科研技术人员创新创业，加强同企业的合作，积极从事研发和技术开发活动。实施以知识、技术等作为生产要素参与收益分配政策，探索和完善知识资本化、资本知识化的有效途径，充分调动高等院校和科研院所科技人员从事技术创新的积极性。鼓励高等院校和科研院所以及其他事业单位科技人才在完成本职工作、不侵害原单位合法权益的前提下，可通过参与项目研发、技术攻关和提供科技咨询、技术服务等方式，在不同地区、不同企事业单位兼职兼薪。

(3) 鼓励高校、科研机构和企业有关人员交叉任职。

为了解决高校、科研机构选题脱离实际和科技成果转化周期太长的问题，应制订有关政策，鼓励高校、科研机构的研究人员和企业的领导、工程技术人员相互交叉任职，建立长期的伙伴关系，相互支持，互通信息，共同发展。如高校、科研机构的专家、教授到企业担任副职或技术顾问，企业的负责人或工程技术人员到高校、科研机构担任客座研究员。这样对有针对性地选择科技攻关课题、安排中间试验，以尽快地转化先进的科技成果很有好处。

(4) 创新人才流动机制。

人力资源流动有利于调剂余缺，达到人尽其才、才尽其用，产生较高的经济、社会效益。进一步落实用人单位和人才的自主权，促进用人单位通过市场自主择人，人才进入市场自主择业。消除人才流动中的城乡、区域、部门、行业、身份、所有制等限制，疏通人才流动渠道。要大力推行聘用合同制，建立固定与流动、专职与兼职相结合的宽松的用人制度。鼓励高级人才在不侵犯本单位知识产权、经济权益的前提下兼职，促使人才的合理流动。

三、优化科技人力资源结构

科技人力资源结构调整，既是产业技术创新的必然要求，又是产业结构调整的牵引力和推动力。沈阳市是人力资源大市，但存在着人才结构与产业技术创新、产业结构不适应的突出问题。以科技人力资源结构调整促进产业化升级，在实现产业化升级的同时，实现人才结构的优化升级，这既是经济发展的一般规律，也是全市经济社会发展的现实要求。要以产业技术创新为导向，着力调整优化人才结构，促使科技创新人才向优势产业流动、向高技术产业流动，努力把全市的主导产业做强，高技术产业做大，推进三次产业的协调发展。通过产业技术创新，稳定人才，吸引人才，努力营造人尽其才、才尽其用的社会环境，应是沈阳市科技人力资源队伍建设的重要方向。

第一，围绕工业结构优化升级，调整与优化科技人力资源布局。经过几十年的发展，沈阳市已形成西部装备制造、南部高新技术、东部汽车、北部通讯等四大产业聚集区和机械制造、汽车及零部件、电子信息、农副产品加工、医药化工、航空航天等八大支柱产业。为了实现沈阳市建设国家中心城市、先进装备制造业基地、实现老工业基地的全面振兴的总体目标，以高新技术和先进适用技术改造提升传统优势产业，实现工业结构优化升级，就必须进一步调整和优化沈阳市的科技人才队伍。一是要紧紧围绕主导产业，优化科技人力资源布局。装备制造、医药化工、电子信息、农副产品加工、黑色金属冶炼及压延、有色金属冶炼及压延是沈阳市的支柱产业，对全市经济发展具有较大的带动作用。要采取特别的、完全放开的人才政策，确保这些优势产业人才需求，创建人才优势，形成学科带头人、博士后、博士、硕士等高层次人才聚集圈，推动其快速发展。二是要紧紧围绕培育主业突出、核心能力强的大公司和企业集团，优化科技人力资源布局。要加强大型企业集团技术中心建设，使大型企业集团成为优秀人才的“群英会”；要大力推动科研机构进入大型企业集团，加强科研院所、高等院校与企业的合作，提高大型企业集团的人才密度和技术开发能力。

第二，围绕发展具有比较优势的高新技术产业，整合科技人力资源。沈阳市当前把先进制造、生物医药、电子信息、新材料、新能源、环保作为高技术产业发展的重点，要围绕这些高新技术产业的发展，大力实施人才战略。要实施强强联合，通过重大科技项目联合攻关，把科技人力资源分行业有序地聚集起来，推进产业的协调发展。

四、加强科技后备人才培养

从沈阳市科技人力资源的现状来看，科技创新人力资源队伍建设发展的长远目标和任务是，从人才成长的源头——教育培养——抓起，普遍提高全体劳动者的科学文化素养和劳动技能，增加科技人力资源队伍的总量。

高等院校作为培养人才的主渠道，要以提高办学质量和效益为中心，加快改革和发展，要积极引导驻沈高校调整专业设置，增加对沈阳市紧缺学科和专业的建设力度；重点办好沈阳大学等市属高等院校，进一步优化教师队伍，拓宽教师来源渠道，引入竞争机制，提高教师中具有博士、硕士学位者的比例；加强与驻沈高校和科研院所的合作，积极开展研究生培养、继续教育和技能培训，推动科技人员知识更新；结合企业自身需要，以大企业、大集团和产业聚集区为依托，建立一批实习实训基地，提高学生的实际动手能力，为企业提供后备人才资源。

第五节　完善、共享和高效利用科技基础条件平台

科技基础条件平台是国家创新体系的重要组成部分，是科技创新活动的物质信息保障，是创新资源整合的基础和载体，也是科技人才成长的“摇篮”。以辽宁省和沈阳市科技基础条件平台建设纲要为指导，以全面提高沈阳市科技创新能力和增强竞争力为目标，以资源整合和能力建设为主线，以建设共享机制为核心，以信息共享带动实物共享，突出重点、突出特色，充分运用现代信息技术和已有科技基础条件资源，完善具有公益性、基础性、战略性的科技基础条件平台，有效改善科技创新环境，为促进全市科技发展提供优质高效的服务和强有力的支撑。

在对科技基础条件资源进行整体规划和设计的基础上，利用现代信息网络技术，对大型科学仪器设备、科学数据、科技文献、网络资源和科技成果转化公共服务等科技基础条件资源进行充分有效的整合、重组与优化，充分挖掘各类资源的利用潜能。

一、开展研究基地和大型仪器设备共享平台建设

统筹规划部门、地方、中央在沈单位的相关研究实验资源，组建跨领域、具有地方特色的应用研究实验基地，提高重点领域的装备水平，打破封闭，营造开放、共享的研究实验环境。

同时，研究制定大型科学仪器设备共享的管理体制和运行办法，形成大型科学仪器设备协作共用的长效机制。建立沈阳市大型科学仪器设备协作共用网，推进大型科学仪器设备设施等资源的共享，逐步形成覆盖全市连接国家的共享网络，提高仪器、设施的综合利用率。

二、推动科学数据共享平台建设

加大资源的共享力度，对相关部门和行业长期持续积累的数据资源，以及全市科技计划项目的数据进行整理、汇交和建库。抢救濒临丢失的重要科学数据，重要历史资料要尽快做到数字化。

以政府资助获取与积累的科学数据资源为重点，建立沈阳市科学数据库群，提高与国家的科学数据信息交换能力，推动面向各类创新主体的共享服务网建设，形成全市科学数据分级分类共享服务体系。

三、完善科技文献共享平台建设

扩充、集成科技文献资源，加强专利、工艺、标准、科技报告等文献资源的建设。实现印刷版、电子版和网络版资源互补，开辟利用国内、外科技文献资源的各种渠道。

建设数字化科技文献资源库，促进沈阳市与国家及各省、市间科技文献网络系统的对接和共享。逐步建立和完善沈阳市科技文献资源服务与保障体系。

四、强化网络科技环境平台建设

建立沈阳市科技管理网络。对现有的科技管理网进行提升和改造，形成上联科技部（厅），下联各区、县（市）科技主管部门，横联科研院所及创新主体的科技管理网络体系。

搭建 IPv6 平台，开展下一代互联网应用与研究；发挥高性能计算中心的功能，构建数据网格、计算网格，实现计算资源的共享。

充分利用现代网络技术和公共网络基础设施，构建服务于全市科技活动的跨行业、跨部门的网络实时协同环境。

五、促进成果转化服务平台建设

加快科技成果转化服务平台建设，构建技术交流与技术产权交易信息平台，提升技术市场的信息化服务水平。进一步加强沈阳市科技成果网建设，强化相关科技中介机构的服务职能。

促进各种类型企业孵化器建设，提升高新区和其他各类科技园的服务功能；营造科技产业化的良好环境；建设高水平的具有地方特色的应用基础性研究实验基地。围绕技术交易、成果鉴定、申报、评奖等，建立相关数据库。

第六节　优化科技资源整合外部环境

一、优化政策环境与社会环境

为了进一步完善市场机制，加大市场配置科技资源的基础作用，就必须尽快转变政府职能，创造良好的环境。无论是在国家创新体系建设中，还是在区域创新体系建设中，政府部门都起着关键性的作用。在当前条件下，政府的职能应从直接科技创新活动转向宏观调控、制订法律和法规、提供政策指导和服务等方面上来，以创造良好的创新活动条件和环境。应进一步理顺科技行政主管部门与其他经济主管部门的关系，加大改革力度，加快科技资源的市场化步伐。

一是加强科研项目的预研、立项、组织实施、监督检查和评估总结等环节的管理，明确重点投资项目，将资金投入到最需要和社会、经济效益最大的项目中。二是研究制定科研活动管理政策，实现科研工作有法可依，确保各种科研活动服务于社会经济发展的总体目标，加强对科技活动各环节的有效管理。三是建立健全激励机制。建立以品德、知识、能力、业绩为重点的人才评价体系；探索技术、管理要素在高等院校、科研院所和企业中参与分配的有效实现形式；加强知识产权的保护，激发科研人员创新创业的热情。四是完善财政政策，减免科技研发产品税收，鼓励企业科研创新，充分给予企业在科研投入、科研活动和科研分配方面的自主权。五是不断改善科技人员的工作和生活条件，提高科技人员的待遇，加强对先进科技工作者的宣传力度，努力营造尊敬、关心人才的良好社会氛围。

二、健全科技管理体系

科技资源的整合离不开科技管理的创新。这不仅因为科技管理创新是制度创新的重要组成部分，还因为除了科技生产力是第一性的物质运动之外，还有科技管理作为对科技生产力起反作用的第二性的物质运动，这种软性的物质运动在一定的历史条件下甚至可以起到决定性的作用。因而，注重科技管理，注重管理创新，是保证科技资源系统内各要素之间有效供给与优化配置的一条重要途径。

（1）注意发挥科技、计划、经济及行业管理部门的作用，加强部门、行业、地方间的集成与联合，使研究开发与技术推广、企业技术改造、重点工程建设、重大技术引进消化吸收等有机地结合起来，形成责权分明的部门、地方与企业相互联系，各有侧重的科技管理体系。

（2）建立“开放、公正、流动、竞争、协作”的运行机制。坚持“公开、公正、公平”的原则，建立和健全专家信誉制度、公示制度和申诉制度，合理规范科技评价行为。改革科技计划项目的经费管理制度，全面实行课题制，并逐步建立科研项目承担单位的信用制度；改进科技评价方法，简化评价指标，注重评价实效，对优秀机构和研究群体给予稳定的支持；改进和完善评价指标体系，区别对待不同的评价对象，明确各类评价目标，实现规范管理；完善科技活动激励机制，倡导质量第一，克服浮躁、急功近利等短期行为。

（3）完善科技创新及资源配置的政策法规体系。要从组织、队伍、投入等方面，根据国家法规政策，完善制定系统的科学技术知识政策。围绕沈阳市国民经济和社会发展需要，制定促进高新技术产业领域的技术政策。要进一步强化促进企业技术创新的财税政策、金融政策和知识产权保护政策，加大政府对 R&D 的投入，带动 R&D 投入占 GDP 的比例不断提高。要继续完善促进技术创新风险投资机制，为风险投资提供有效的退出渠道。要加大促进中小企业发展的政策力度，制定扶持中小企业发展的信贷和融资政策，探索中小型信贷及担保机构的发展模式。在加强对知识产权保护的同时，进一步完善通过知识产权促进科技创新的激励政策。

（4）要培养一支高素质的科技管理和经营人才队伍。科学、符合实际的政策法规体系和市场秩序的建立，最终要靠人去实施，因此，造就一支高素质、懂市场、会经营管理的科技管理队伍，是实现科技资源整合的根本。要采取以自我培养为主和对外引进为辅的措施，依托有实力的高校，加强科技管理和技术经营队伍的培养，努力在德、才、学、识上下工夫，提高人才的综合素质。

三、构建产业技术联盟

（1）加强产学研战略合作。

建立政府部门产学研协调机构，积极推进产学研合作组织的形成和发展。建立政府、企业、高校、科研院所、行业组织和产业园区联席会议制度。构建产学研多边合作伙伴关系，实现产学研协同发展、互利共赢，探索科技资源整合的新体制和新机制。加强企业、高校和科研院所在先进制造、航空航天、生物医药、电子信息、新材料等优势产业和新兴产业领域的战略合作，集成产学研各方优势，实现产业技术重大突破，促进共性技术成果和关键技术的扩散与转移，加快科技创新资源向企业集聚转移，提升产业市场竞争力。

（2）在主导产业领域构建产业技术联盟。

发挥政府组织的引导作用，围绕沈阳市八大支柱产业，依托行业龙头骨干企业，联合高校、科研院所，构建产业技术联盟。重点推进东、西、南、北 4 个产业聚焦区和汽车及零部件、机床及功能部件等 32 个百亿产业集群的产业联盟构建。鼓励联盟企业共同研究和制定产业发展的市场技术路线与发展战略，促进行业内资源统筹和产业链配套，实现联盟内技术和产业资源对接。同时，依托联盟组织机构参与行业准入资格认证，扩展国际国内市场开发。

（3）实施重大科技产业项目。

建立中央、省、市重大项目联动机制，积极争取国家和辽宁省重大政策与重点资金支持，争取国家和辽宁省重大科技专项布局，争取重大科技工程项目建设。积极争取国家低碳经济试点示范，在重点领域实施企业节能计划和重大节能减排科技示范项目，支持企业升级改造，加快淘汰落后产能。

四、加强科技中介服务体系建设

发展科技中介机构、建立完善的科技中介服务体系是促进科技成果转化的重要手段，应当做好以下三个方面工作。

（1）出台优惠政策，鼓励创办各类中介服务机构。政府应努力创造有利于科技中介机构发展的良好环境和条件，组织和动员专业技术力量大力发展科技中介机构；要转变政府职能，充分发挥科技中介机构的作用，加强科技中介机构与高校、科研机构及其他中介机构的联合与协作；要逐步建立有利于各类科技中介机构健康发展的组织制度、运行机制和政策法规，形成体制合理、机制灵活、制度健全、竞争有序、诚信经营的良好发展环境。

（2）组建结构合理、门类齐全、功能完备的科技中介服务网络。适当组建科技评估、科技法律咨询服务、科技风险投资等中介机构；优先鼓励机械制造、医药化工、电子信息、航空航天等支柱产业建立行业性生产力促进中心；积极支持有条件的技术经纪人以股份或合伙形式，建立科技经济公司或技术经纪人事务所。

（3）充分发挥行业协会的作用。行业协会在科技中介机构的管理和建设中，发挥着不可替代的作用，建立健全行业协会是加强政府指导，完善科技中介管理体制的重要环节。要以促进科技中介机构的规范、健康发展为宗旨，以会员制为主要形式，按照自愿、平等的原则组建各类科技中介行业协会，组织开展同业交流、跨行业协作和市场开拓活动，建立科学、民主的决策程序和行之有效的自我管理、共同发展模式。

第七节 构筑沈阳市科技资源共享支撑体系

科技资源日益成为提高自主创新能力的基础条件和有力支撑，而整合科技资源、优化科技资源配置的重要途径是实现科技资源共享。科技资源的共享涉及各类科技资源的投资建设者、拥有者、服务者和使用者及其之间相互利益与观念的调整，涉及相关的机制和法规建设，涉及大量的资金投入和人才队伍建设，涉及中央、地方科技计划的衔接，特别是涉及现有的体制，是庞大的、复杂的系统工程。构建沈阳市科技资源共享支撑体系可以帮助沈阳市更好地实现科技资源的优化配置和高效利用，达到资源共享的目的。为此，应将科技资源作为一个资源系统，以系统的观点加以研究。在一定意义上说，系统论为科技资源管理研究提供了新的分析范式，因为从系统论的角度可以更好地把握科技资源本质，处理好科技资源建设、管理及其与共享环节的关系，实现科技资源的优化配置与高效利用。

系统论是由美籍奥地利人、理论生物学家路德维格·贝塔朗菲（L. Von Bertalanfy）创立的。一般系统论试图给出一个能描述各种系统共同特征的一般的系统定义，通常把系统定义为：由若干要素以一定结构形式连接构成的具有某种功能的有机整体。在这个定义中，包括了系统、要素、结构、功能等系统论最重要的基本概念。整体性、层次结构性、动态平衡性、时序性等是所有系统的共同的基本特征。系统论的基本思想方法就是把所研究和处理的对象当做一个系统，分析系统的结构和功能，研究系统、要素、环境三者的相互关系和变动的规律性。

科技资源共享的本质是资源的合理使用和优化配置，共享支撑体系的构建是为科技资源的使用与优化配置提供宏观设计、资金保障、信息通道和人力支持等，如图 8.1 所示。

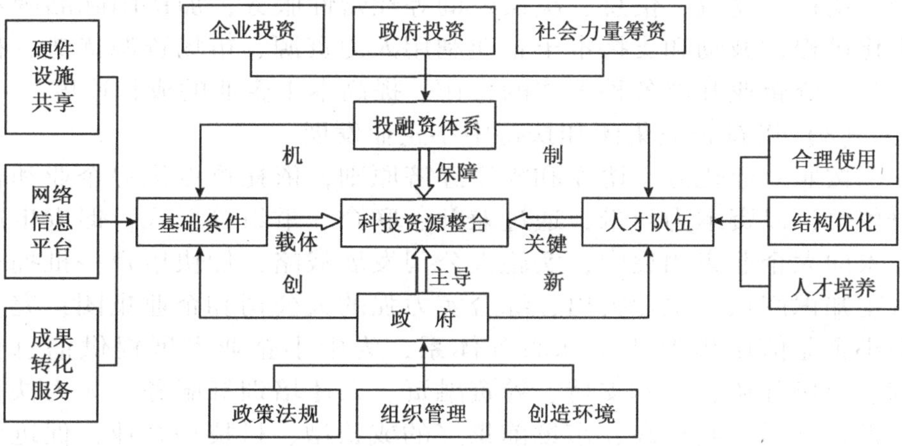

图 8.1　科技资源共享支撑体系框架

第八节　加强产业发展的引导和培育

（1）狠抓产业集群建设。

按照功能特色对现有和新建园区进行重新定位与规划，整合本地现有资源，吸引国内、外强势电子信息工业向这些区域聚集，并针对产业发展的薄弱环节，积极引进国内、外具有竞争优势的关键配套零部件制造企业。同时，对园区内的企业加强合作引导，在企业间建立起整机与零部件、硬件与软件、科研与生产、核心产品与辅助产品等方面相互配套的分工协作体系，以产业园区为基础，构成紧密的产业链，形成集加工制造、技术研发、物流等配套服务于一体的各具特色的电子信息产业园区和企业集群。

（2）强化产业根植性。

建立并落实责任制，重点做好世界五百强企业的引进工作。有计划、有重点地引进美、日、欧、韩和中国台湾地区知名跨国公司的大项目，尤其是研发中心，争取更多的国际先进技术成果和核心技术在沈阳落户；鼓励和引导这些跨国公司向本土化发展，支持其设立采购中心和营销中心，进行本地采购和配套服务，提高本地配套率和本地采购量。允许加工贸易企业为其境内、外公司提供采购、销售、物流、信息、决策咨询等经营性服务，加快国际品牌本土化进程；鼓励和支持本土企业利用人力资源、市场资源优势，积极与外资企业开展各种形式的合作，提高本土企业的成长速度。

（3）培育企业集团和扶持中小企业发展。

按照专业化分工协作和规模经济原则，依托重点优势企业和科研单位，以资本为纽带，通过兼并、联合、重组等形式，促进生产要素向大企业集团集中，实施大公司发展战略，加快培育一批拥有自主知识产权、主业突出、综合实力强的大公司和企业集团；完善中小企业信用担保体系和服务体系，为中小企业发展提供信息咨询、市场开拓、技术支持、筹资融资、人才培训等服务，大力扶持一批机制活、起点高、市场前景好的成长型、科技型企业，促进中小型企业朝着“专、精、特、新”的方向发展。

第九节　实施创新战略，提升装备制造业核心竞争力

（1）加快技术创新步伐，为振兴沈阳装备制造业提供技术保障。

装备制造业包括机械装备、汽车及零部件和航空航天装备制造业，政府部门要组织专项资金，根据装备制造业未来发展需求，以装备制造业有实力的重点企业和科研单位为依托，筛选一批代表国际先进水平的装备产品及关键技术进行研究开发和国产化，增强高新技术储备，为实现跨越式的发展奠定技术基础。各装备制造业也要加大科技投入，尽快使技术开发费占增加值的比例提高到5%以上。通过营造良好的技术创新环境，吸纳更多的高级专业技术人才参与开发研制具有自主知识产权的核心技术和核心产品，并加速产业化进程。

推广应用先进制造技术和先进管理技术。大力推广应用CXP（CAX/PDM）等技术，实现设计手段的现代化和设计方法的数字化，提高产品的研发设计能力；重点推广应用精密成型技术、快速原型技术、超精加工技术、机器人技术和生产过程自动控制技术，提高加工制造质量和效率；逐步推广应用数字化技术、智能化技术和柔性化技术，提高产品的数字化、智能化、柔性化的水平和程

度。积极推广精益生产和敏捷制造模式，构建以网络为基础的动态制造组织；实施 CIMS 工程，应用制造资源计划 MRPII 和企业资源计划 ERP 等技术，实现企业战略重组和管理现代化，提高企业经济效益。

加快科技体制创新步伐，尽快建立以企业为主体，产、学、研紧密结合的技术创新体系。企业要根据优势互补、利益共享的原则，积极与高校、科研机构建立双边、多边的技术协作机制。积极支持中外联合攻关，鼓励重点装备制造企业以中外联合研制、合作开发、合作制造等形式，研制具有自主知识产权的和符合国内、外市场需求的或消除产业发展“瓶颈”的升级换代产品。

（2）调整结构，整合资源，提高装备制造业核心竞争力。

从东北老工业基地的实际情况和国家的需要来看，应继续以发展重大装备，特别是重大成套装备为特色。作为一个装备制造基地，要在保持、发扬重大装备制造特色的同时，大力发展环保设备、机器人及自动化、燃气轮机、物流设备、数字化医疗设备及其他数字化设备、新型材料及其制品和软件等新型装备制造业，实现产业结构的轻型化和高技术化。建设沈阳机床、沈鼓集团、北方重工三大基地，就是为了搞成套，搞重大装备，以此提升沈阳装备制造业的整体实力。随着市场化进程的加快，沈阳装备制造企业已开始在国外设立研发机构，并加快合资合作步伐，整合全球技术资源为己所用，以期在做工程成套上有重大突破。

让创新资源向优势企业凝聚。沈阳以北方重工、沈鼓集团等大型重点企业为龙头，着力建设十大装备基地，通过联合重组、技术创新等生产要素进一步向优势产业集中，突出企业主业，提高生产效率，增强市场竞争力。由沈阳重型机械公司和沈阳矿山集团重组的北方重工集团，不仅能设计生产世界上全部 3 种类型盾构机，还能生产世界最大直径盾构机。企业资源整合发挥了乘数效应，企业从技术水平到整体规模获得全面提升，北方重工跃入世界机械企业五百强。企业核心竞争力的增强，即使在危机中也能抓住良机，北方重工开展的海外并购及收购海外研发团队就是最好的实例。

（3）创建装备制造业集群化发展的良好环境。

沈阳装备制造业产业集群初具规模，但与成熟集群、创新型集群相比，还有很长的路要走。产业集群的一个显著特征是集群内的各个企业间的分工是比较明确的，它不是一种大而全的生产组织模式。由于企业间的分工精细，使得企业与企业间的交易行为变得特别多，交易的顺利实现需要完善的公共服务环境，如交通、通信等。交通的顺畅能节省时间成本，加强人才的流动，通信的顺畅能够强化企业间的交流，加速要素的配置与流动。加快对生产性服务业的培育与发展，可以为装备制造业企业搭建起公益性、开放性的公共服务平台，为企业创新提供有效的科技平台支撑。在技术环境方面，要不断完善现有技术交易市场，减少交易过程中的交易费用和不确定性，并激励企业进行技术研发；在市场环境方面，重点实现集聚区内部的有序竞争。过度竞争对装备制造业这一特殊行业来说，不是一种好的市场运行模式，因此，集聚区内部的核心企业应该得到重点扶持，维持垄断或者寡头垄断的市场结构，而配套企业可以实现竞争。一般来说，配套企业的投资额度较核心企业来说是比较小的，这一行业是可以实现竞争的。除了上述环境外，还应提供较完善的公共服务体系，主要是政府的服务体系的建立，如工商、税务、公安等职能部门的服务体系的建立。

第十节　优化配置资源，促进医药化工产业持续发展

近年来，沈阳市以东北制药集团、沈阳化工集团等为骨干企业的医药化工产业总体实力不断增强。米其林（沈阳）公司载重子午线扩产项目已扩产至 70 万条/年，普利司通（沈阳）公司载重子午线轮胎扩产至 100 万条/年，东药集团维生素 C 生产能力已从“十五”初期的 1.5 万吨/年扩产至 2.5 万吨/年。但这一行业的污染问题必须引起足够的重视，从可持续发展的角度，要统一规划，优化资源，鼓励大中型企业兼并重组中小企业，避免无序竞争、资源的浪费和环境的破坏。支持重点核心企业（如东药、沈化集团等）做大做强，包括在资金、政策、人才等方面提供便利条件。同时，促进这些企业加大环保投入力度，变废为宝，治污减污，倡导可持续发展。对于能源耗费大户，要加强节能、节耗、节材工作，尽可能多地利用可再生能源，大力发展低碳经济和循环经济。

针对医药化工行业企业众多、同业竞争激烈的问题，建议实施统一规划，合理布局，优化资源配置，提高资源利用效率并加强统一管理。发挥医药和化工行业协会的作用，利用投资门槛，加大行业准入难度，设置有效进入壁垒，减少无序竞争。鼓励企业走出去，与外省甚至外国同行企业竞争，保持创新能力和竞争能力，不但做大医药化工企业，还要做强医药化工企业，发挥其对经济发展的重要促进和支撑作用。

第十一节　树立品牌意识，大力发展现代农副产品加工业

品牌是优质产品的标志，是进入市场的通行证。发展无公害、绿色产品是当今社会潮流，也是市场经济的必然选择和提升经济效益的有效手段。在抓好农副产品生产环节的同时，要切实抓好产品的加工和销售环节，走“产、加、销”一体化的路子，着力发展“无公害产品和绿色产品”，打造名品名牌，提高产品的竞争力和辐射带动力。

一是加快技术创新，提升自主创新能力。依托科研单位、大专院校、农加工骨干企业，建设一批农加工技术研发中心，以增加农加工技术的研发能力。加大农产品加工技术的推广力度。加强国外先进技术的引进、消化和吸收，对国外已成熟的关键技术组织引进，对国内成熟技术通过各种方式，扩大推广应用的范围，搞好科企对接。鼓励大中型企业加大研发投入，建立技术创新机构，加大消化吸收再创新的力度，研发具有自主知识产权的核心技术。

二是进一步完善农产品加工质量标准体系。分品种、分行业逐步清理现有农产品加工标准，加快制（修）订农产品加工标准的步伐，引导企业推行良好的操作规范（GMP）、危害分析与关键控制点（HACCP）、ISO 认证体系等，加强农产品加工全程质量控制体系建设。加大农产品加工国际标准跟踪力度，加强对重点国家或地区农产品标准的动态分析。

三是搭建服务平台，提升服务水平。加强对国内、外农产品加工业发展情况和市场情况的分析，加强信息服务体系建设。加强对农产品加工网的指导，为企业提供技术、人才、信息、项目、政策

等全方位的服务。构筑县、市、省和国家多层次的农产品加工信息网络；积极探索开展电子商务和物流信息化试点，建立农产品加工行业市场信息预警机制。加强行业协会服务，积极鼓励同类型的农产品加工企业组建专业协会，加强行业自律，协调解决行业内部矛盾，积极发挥中介组织的作用，促进我市农产品加工业的行业管理和服务逐步规范化。

四是充分发挥环境无污染地区的条件，积极推广无害化栽培新技术，加快绿色产品认证认定，提升设施农产品质量和安全水平，以特色、质量占领市场制高点。严格按照无公害产品的要求和商品质量标准进行采收、分级、加工、包装、上市，真正做到有品牌、有商标，实现树形象、创名牌，引导消费。着力培育龙头企业，集中力量培植扶持一批有优势、有特色、前景好的生产骨干龙头企业和生产大户，发挥其对产业的带动作用。鼓励企业投资农副产品加工业，建立“公司 + 基地 + 农户”等新型产业化组织体系，扩大加工规模，实现规模化生产和集约化经营。加大宣传力度，提升品牌知名度。通过各种渠道和媒介形式，高密度、高效率地宣传各类品牌，积极组织相关企业参加国内、外展会，扩大知名度，展示产品特色和品质，树立企业形象。建立沈阳农副产品电子商务网，利用网络营销、网络宣传推进品牌建设进程，促进农副产品加工业上档次、上层次，提升品牌竞争力，实现快速良性发展。

第十二节　采取调整战略，适度发展金属冶炼及压延加工业

有色金属冶炼及压延加工业和黑色金属冶炼及压延加工业是国民经济的基础性行业，处于产业链的中上游，也是发展装备制造业必须具备的基础性产业，同时也普遍存在污染较重的问题。政府应一方面适度给予政策和资金扶持，促进其进行污染治理，对于不能达标的企业坚决采取关停并转措施，坚决治理影响沈阳生态城市建设的制约因素；另一方面进行产业引导和规划工作，在项目立项、招商引资等环节，杜绝污染企业和高能耗性企业的建立，不能再重复先污染再治理的劳民伤财的老路。采取措施，促进有色和黑色金属加工业加大科技投入力度，鼓励开发新产品、新工艺，提升产品

附加价值，促进产业升级换代，延伸其产业链条，使其向低污染、低排放和高附加价值领域转型。

第十三节　强力推进电子信息产业集群形成，实现跨越式发展

国内外的实践证明，集中发展、建设电子信息产业园区是使电子信息产业实现快速发展的战略选择。创造局部优化环境，有利于营造电子信息企业交流合作的氛围，有利于孵化和培育中小电子信息企业，有利于实现以人为中心的各种生产要素的转移和重组。加快沈阳电子信息产业集群发展，做大做强沈阳电子信息产业，具有十分重要的现实意义和深远的历史意义。特别是对于加快沈阳创新型城市建设，实现可持续发展，以及振兴东北老工业基地意义尤为深远。

首先要制定促进电子信息产业发展的优惠政策和措施，积极争取并落实国家和省、市的有关扶持政策。沈阳科技发展专项资金重点向电子信息领域倾斜，对行业标准制定企业、市级以上发展计划项目、名牌产品生产企业、高成长性中小企业给予持续扶持和奖励，充分发挥政策的引导作用，促进电子信息产业加快发展。充分发挥沈阳区位优势和产业基础优势，以“发展主导产业、完善配套产业、带动关联产业”为目标，积极承接国际和国内信息产业转移，将引进电子信息产业项目作为各个招商部门的工作重点和考核指标，推动电子信息产业加快集聚和发展。在发展过程中，注意引进节能环保和资源再利用项目，发展循环经济，提高资源综合利用率。加大对电子信息专业孵化器、专业公共技术服务平台的支持力度。加强科技人才培养和研发机构引进培育工作，不断完善产业发展服务支撑体系。加强高校、科研院所和企业的技术创新“源头”工程建设，注重产学研联合创新和技术攻关，整合多方技术创新资源，搭建集创新、展示、交易、检索和管理为一体的综合服务平台，完善知识产权保护和管理体系，逐步建立健全核心技术创新与产业发展互动机制。充分发挥金融信贷的融资作用，拓展担保方式，扩大金融信贷对电子信息项目的投入；鼓励企业充分利用资本市场融资，指导企业进行股份制改造，推动进入国家代办股份转让

系统，即“新三板”市场。支持龙头骨干企业利用品牌、技术、资金、人才和市场优势，吸引上、下游关联配套企业集聚发展。鼓励企业加快自主知识产权技术和品牌产品出口，努力在国际市场获利。引导企业加大新技术、新工艺和新产品的宣传力度，充分挖掘和培育潜在的品牌资源。通过将技术优势转化为品牌产品优势，将品牌产品优势转化为产业资源优势，更好地推动全市电子信息产业持续快速健康协调发展。

电子信息产业的集群化可以实现资金、人才、技术等生产要素的优化重组，推动电子信息产业实现跨越式发展。将有限的资金和人力资源集中起来，形成局部优化的生产、开发、生活环境和便于实施的政策环境，推进企业的联合，形成大型电子信息企业集团，实现优势互补，促进技术创新，同时孵化中小型电子信息开发企业，使之借助外部设施和环境条件，吸引、凝聚优秀人才，降低开发成本和风险，迅速发展壮大。同时，还可以进一步促进产、学、研、用相结合，加速电子信息技术商品化、产业化进程，形成整体优势，在激烈的竞争中，取得立足之地，逐步成为沈阳市乃至辽宁省的主要支柱产业。